职业教育计算机专业系列教材

HTML+CSS+JavaScript 理实一体项目教程

主　编　何历怀　陈　英
副主编　魏秋彦　牛东燕　黄　霖　裴　春　覃　兵
参　编　何邦财　张俊玲　郭俊亮　杨再祥　杨　婷
　　　　刘　东

北京理工大学出版社
BEIJING INSTITUTE OF TECHNOLOGY PRESS

内容简介

本教材共分为8个单元，主要内容包括网站和网页概述、HTML基本标记、表格与表单、CSS概述、CSS样式、CSS网页布局实例、JavaScript基础、利用JavaScript制作网页特效。本教材紧密围绕网站前端工程师在制作网页过程中的实际需要和应该掌握的技术，全面介绍了使用HTML、CSS、JavaScript进行网页设计和制作的内容与技巧。本教材以"知识点—语法—实例"结构组织内容，以达到学以致用的目的。以旅游网站主页设计为主要内容布置单元实训，力求达到理论知识与实践操作完美结合的效果。

本教材可作为各类院校及计算机教育培训机构的专用教材，也可作为网页设计、网站开发等行业人员参考用书。

版权专有　侵权必究

图书在版编目（CIP）数据

HTML+CSS+JavaScript理实一体项目教程／何历怀，陈英主编．--北京：北京理工大学出版社，2024.7
ISBN 978-7-5763-4096-9

Ⅰ.①H…　Ⅱ.①何…　②陈…　Ⅲ.①网页制作工具-程序设计-教材　Ⅳ.①TP393.092.2

中国国家版本馆CIP数据核字（2024）第105908号

责任编辑：王玲玲	**文案编辑**：王玲玲
责任校对：刘亚男	**责任印制**：施胜娟

出版发行 /	北京理工大学出版社有限责任公司
社　　址 /	北京市丰台区四合庄路6号
邮　　编 /	100070
电　　话 /	（010）68914026（教材售后服务热线）
	（010）68944437（课件资源服务热线）
网　　址 /	http://www.bitpress.com.cn

版 印 次 /	2024年7月第1版第1次印刷
印　　刷 /	定州市新华印刷有限公司
开　　本 /	787 mm×1092 mm　1/16
印　　张 /	13
字　　数 /	301千字
定　　价 /	52.00元

前言

网页技术已经成为当代学生的基础技能。虽然简单的网页制作可以运用可视化的网页编辑软件进行，但是对于高级的网页制作，仍然需要 HTML、CSS、JavaScript 等网页设计语言和技术的加持，这样才能充分发挥设计人员的想象力，设计符合标准的网页，以实现网页设计软件不能实现的许多重要功能。

本教材用通俗易懂的语言和丰富多彩的案例，详细讲述了 HTML、CSS、JavaScript 的相关概念与技术，概念讲解清楚，重点突出，几乎每个知识点都配备了相应的小实例，理论与实践结合紧密。本教材以旅游网站主页设计为主要内容来布置单元实训，力求达到理论知识与实践操作完美结合的效果。各单元实训以旅游网站主页设计为主要内容，经过了精心的考虑和设计，既有助于读者理解相关知识，又具有启发性和实用性，让读者边学边练，学完即可上手操作。

（1）前后衔接，循序渐进。本教材分为 8 个单元。首先让读者了解网站开发流程和网页，然后学习相关理论知识并结合案例实操，最后通过完成单元实训制作一个完整旅游网站主页来提高实战能力。

（2）结构新颖，轻松易学。本教材内容采用"知识点—语法—实例"的形式讲解，在用通俗易懂的语言简单介绍知识点后，紧接着安排了与当前知识点及实际应用相结合的小实例，使读者边学边练、学有所用。另外，每单元都安排有"任务工单"和"任务评价"，让读者学完各单元后，还能对所学知识和技能进行总结。

（3）案例丰富，实用性强。除每个知识点的小实例和单元实训外，为加强读者的实战能力，本教材最后加入了利用 JavaScript 制作网页特效的案例。

（4）提供教学课件和实例代码。本教材不仅提供精美的教学课件，而且每个实例还提供了代码，读者可直接复制应用。

尽管我们在编写本教材时已竭尽全力，但教材中疏漏之处难免，敬请广大读者批评指正。

目 录

单元 1　网站和网页概述 ··· 1

  1.1　网站开发技术 ··· 1
  1.2　网页开发技术 ··· 4
  1.3　拓展技术 ·· 10
  1.4　教材简述 ·· 10
  单元实训 ··· 13
  任务工单 ··· 13
  任务评价 ··· 15
  课后习题 ··· 17

单元 2　HTML 基本标记 ·· 18

  2.1　HTML 基本结构 ·· 18
  2.2　文本设置 ·· 20
  2.3　多媒体标签设置 ··· 21
  2.4　列表标签 ·· 25
  2.5　HTML5 概述 ··· 28
  单元实训 ··· 29
  任务工单 ··· 29
  任务评价 ··· 31
  课后习题 ··· 33

单元 3　表格与表单 ··· 35

  3.1　表格设置 ·· 35
  3.2　表单设置 ·· 39

单元实训 …… 48
　　任务工单 …… 48
　　任务评价 …… 50
　　课后习题 …… 51

单元 4　CSS 概述 …… 53

　4.1　CSS 基本语法 …… 53
　4.2　CSS 选择器种类 …… 58
　　单元实训 …… 67
　　任务工单 …… 67
　　任务评价 …… 69
　　课后习题 …… 70

单元 5　CSS 样式 …… 72

　5.1　背景 …… 72
　5.2　字体 …… 79
　5.3　文本 …… 87
　5.4　边框 …… 95
　5.5　列表 …… 100
　5.6　其他杂项属性 …… 106
　　单元实训 …… 108
　　任务工单 …… 108
　　任务评价 …… 110
　　课后习题 …… 111

单元 6　CSS 网页布局实例 …… 113

　6.1　Web 标准 …… 113
　6.2　CSS 的盒状模型 …… 116
　6.3　浮动 …… 125
　6.4　定位方式和坐标 …… 130
　　单元实训 …… 135
　　任务工单 …… 135
　　任务评价 …… 146
　　课后习题 …… 147

单元 7　JavaScript 基础 …… 149

　7.1　JavaScript 简介 …… 149

7.2	JavaScript 基本语法	156
7.3	JavaScript 的事件	166
7.4	浏览器的内部对象	167
单元实训		170
任务工单		171
任务评价		173
课后习题		175

单元 8　利用 JavaScript 制作网页特效 ································ 177

8.1	时间特效	177
8.2	图像特效	182
8.3	窗口特效	188
8.4	鼠标特效	190
单元实训		194
任务工单		194
任务评价		196
课后习题		198

单元 1

网站和网页概述

1.1 网站开发技术

1.1.1 网站开发流程

网站的开发包括前期设计、中期制作、后期维护三大阶段,如图 1-1 所示。

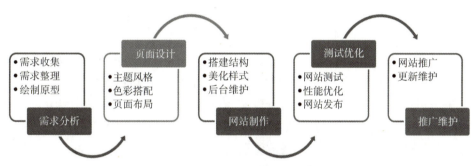

图 1-1 网站开发流程

(1) 前期设计:要开发一个网站,首先要确定主题和需求。因此,前期产品经理要与客户进行详细的沟通,充分了解客户的实际需求,做好需求调研工作,完成需求的收集、整理、原型草图绘制。然后,UI 设计师根据原型与网站主题风格,进行色彩搭配、页面布局,优化原型设计。在实际工作中,UI 设计师一般至少设计三种风格样式,经用户选择认可后,进入制作阶段。

(2) 中期制作:前期设计确定完成后,开发工程师基于需求和原型分别完成网站的前端页面和后台的代码开发。在实际工作中,前端开发人员和程序员配合完成具体的开发制作任务,实现前期原型设计中的整体效果。

(3) 后期维护:经过前面两个阶段,网站的开发任务基本完成,但要发布上线,还需测试工程师对网站进行全面的内部测试,包括功能测试和非功能测试。其中,功能测试主要检测网站是否与需求相符、页面是否完整、预览效果是否美观等。非功能测试主要检测网站的性能,比如在线并发人数、浏览器的兼容性等。发布上线后,还需要运维人员对网站进行实时监测,根据检测结果和访问的反馈对网站进行营运和维护。一般上线试运行至少三个月,试运行结束后,可推广网站的应用。

本教材主要面向初学者，主要介绍网站制作部分，以静态网页为主，不涉及后台数据库部分。教材中各单元实训案例围绕旅游网站展开，学完一个知识点，完成一个单元，课程学习完后，实现一个完整的旅游网站。通过本教材的学习，读者首先明确网站的开发流程，知道怎么做；同时可了解到对应的就业岗位，可结合自身发展进行就业岗位的深度学习。

1.1.2 岗位需求

对应网站开发流程，整个网站开发涉及需求分析师、UI 设计师、开发工程师、测试工程师、运维工程师五个主要岗位。

（1）需求分析师：负责前期的需求调研、需求收集、需求整理、需求分析工作，应具备把客户需求转换为业务需求、绘制产品原型、深度需求挖掘、业务需求讲解的能力；输出产品需求文档、功能清单、需求矩阵、竞品分析文档、页面原型、技术白皮书、产品概述等。

（2）UI 设计师：负责对产品原型草图进行设计，结合网站主题，进行色彩搭配、页面布局，应具备基本的 UI 设计能力，熟练应用 PS 等设计软件，可根据具体需求进行设计；输出网站设计图以及 PS 源文件。

（3）开发工程师：分为前端工程师和程序员，前端工程师主要负责页面的切图（基于 UI 设计师的源文件），程序员负责后台代码的开发（动态网页包含后台数据库）；实际任务中，前端工程师和程序员要相互沟通配合完成开发工作。开发工程师要具备网站的制作能力，熟练掌握开发工具以及开发语言的使用。最后输出开发完成的网站。

（4）测试工程师：负责对照需求对开发工程师开发的网站进行测试，测试功能的完整性、页面的美观效果、非功能需求如性能指标是否满足等。应具备测试用例的编写以及自动化测试等能力。输入测试用例（开发完成之前进行，为测试做准备）、bug 清单。开发工程师对照 bug 清单进行修改完善，直到网站符合上线需求。

（5）运维工程师：负责网站的后期维护工作。应具备基本数据库安全管理及维护能力，能够操作后台数据库，更新网站新增功能或者升级版本。

1.1.3 Web 前端技术简介

简单来讲，前端就是日常中所浏览的网页、App、小程序等内容的一种展现技术。Web 前端就是基于 HTML、CSS、JavaScript 这三大核心技术来实现页面效果的。然而，在实际任务中，每次编写 JavaScript 比较烦琐，于是出现了 React、Angular、Vue 等框架来封装 JavaScript 的库。其中，Vue 是国内目前用得较多的一种框架。

学习 Web 前端技术，主要是学习 HTML、CSS、JavaScript 这三大核心技术，以及 Vue 等框架，本教材主要面向初学者，重点介绍 HTML、CSS、JavaScript 这 3 种技术。这些前端技术是前端工程师的必备技能，学会前端技术，可以从事 Web、App、小程序等任务的开发工作。

1.1.4 Web 标准

Web 标准并不是某一个标准，而是由 W3C 主导连同其他标准化组织一起制定的一系列标准。此标准包含了对网页元素进行整理的结构标准、设置元素样式的表现标准、实现页面交互的行为标准三个方面的规范约束，结构标准、表现标准、行为标准分别对应 HTML 技术、CSS 技术、JavaScript 技术。Web 标准实现了规范化，兼容了 IE、Chrome、Firefox 等不同浏览器，使展示内容得到统一；同时，不仅提高了页面的浏览速度、降低了网站的流量费用、被广泛的设备访问，而且简化了网站的维护、拓宽了 Web 的发展前景。

1.1.5 网站和网页简介

1. 网页

网页是网站中用于承载信息的页面，是构成网站的基本元素。简单来说，网页就是在浏览器中打开的一个页面，这个页面中包含有文字、图像、表格、超链接、音视频、动画等内容，网页实际就是一个文件，用来承载这些内容。其中，文字、图像、超链接是组成网页最基本的 3 个元素。网页页面是通过 HTML 编写，通过 WWW（Web）网进行传输，经过浏览器编译后为用户提供信息的页面。

2. 网站

网站中包含了多个网页，各个网页之间通过超链接进行关联。简单来说，网站就是同系列同网页的集合，一个网站中包含了多个网页，这多个网页可以直接用超链接进行切换。

3. 首页（主页）

通常在浏览器中输入某网站的域名后，看到的第一个页面称为网站的首页，也称为主页。每个网站都会有一个首页（主页），这个特殊的页面对于网站来讲是至关重要的，通过这个页面，访问者可以获取到网站的主要内容，明确所访问的网站是干什么、有哪些作用。需要注意的是，首页（Homepage，也叫主页）在网页制作中命名一般是固定的，比如 index.html 或者 default.html（具体名称由 Web 服务器确定）。

4. 常用术语

网页设计中有许多常用术语，比如 Internet、IP 地址、域名、WWW、Web、URL/URI、DNS、HTTP、W3C、浏览器、FTP、站点、超链接等。

Internet：Internet 全称是 Internetwork，也称为因特网、互联网，是集现代计算机技术与通信技术，基于 TCP/IP 协议将全世界不同类型的计算机网络连接起来的全球性开放式计算机网络，这些网络之间通过一组通用的协议相连在一起，形成了逻辑上的单一的巨大的国际型网络。

IP 地址：因特网上的每台计算机都有唯一的地址，称为 IP 地址，用来表示此台计算机在因特网中的位置。IP 地址由 4 个小于 256 的数字组成，如"192.168.8.8"就是一个 IP 地址。IP 地址是一个 32 位的二进制数，被分割为 4 个"8 位二进制数"（即 4 字节）。

域名：域名指的是网站的名称，就是所说的网站的网址。每一个网站都有一个域名，而且是独一无二的。网站开发完成上线前，需要向各地的网络管理机构申请才能获取域名。

WWW：WWW 全称是 World Wide Web，也称为万维网，是 Internet 提供的一种网页信息浏览服务。

Web：Web 通常指 WWW，也可指互联网的使用环境或者网页，对于网站开发者来说，Web 其实就是一系列相关技术的总称。

URL/URI：URL/URI 全称是 Uniform Resource Locator/Uniform Resource Identifier，也称为

统一资源定位符/统一资源标识符，是用来标识互联网资源名称的字符串，俗称 Web 地址。

DNS：DNS 全称是 Domain Name System，也称为域名解析系统。

HTTP：HTTP 全称是 Hyper Text Transfer Protocol，也称为超文本传输协议。该协议详细规定了浏览器和服务器之间的通信协议规则，即两者之间如何交流，采用请求/响应模型。

W3C：W3C 全称是 World Wide Web Consortium，也称为万维网联盟，是国际最著名的标准化组织，负责推动 WWW 技术的标准化。

浏览器：客户端浏览程序，可以向 Web 服务器发送请求，并对服务器反馈的信息进行翻译和显示。通过浏览器可以快捷地获取因特网中的内容。

FTP：文本传输协议。通过 FTP 可以把文件从一个地方传输到另一个地方，实现资源共享。

站点：站点是一个网站所有资源的集合。一个站点就是一个网站所有内容所存放的文件夹。创建网站时，首先要创建网站的站点。

超链接：实现网页中页面与页面的跳转。

1.1.6　静态网页和动态网页

1. 静态网页

静态网页是指客户端的浏览器发送 URL 请求给 WWW 服务器，服务器查找需要的文件，不加处理直接下载到客户端。运行在客户端的页面是已经事先做好并存放在服务器中的网页。

简单来讲，静态网页是由 HTML（超文本标记语言）组成，不包含数据库以及动态程序代码的网页文件，数据不能实时更新，通常后缀名为 .html 或 .htm，适用于更新较慢的展示型网站。

2. 动态网页

动态网页是采用动态网站技术生成的网页，能够根据不同浏览者的请求来显示不同的内容，其本质主要体现在交互性方面。动态网页根据程序运行的区域不同，分为客户端动态网页与服务器端动态网页。客户端动态网页不需要与服务器进行交互，实现动态功能的代码往往采用脚本语言形式直接嵌入网页中。服务器端动态网页则需要与客户端动态网页共同参与，客户通过浏览器发出页面请求后，服务器根据 URL 携带的参数运行服务器端程序，产生的结果页面再返回客户端。

动态网页比较注重交互性，即网页会根据客户的要求和选择而动态改变和响应，一般涉及数据库操作的网页（如注册、登录和查询等）都需要服务器端动态网页程序。

动态网页通常后缀名为 asp、aspx、jsp、php 等，有后台数据库的支持，需要在服务器端对其进行处理后，动态生成新的 HTML 页面，再传送给客户端供用户浏览。

1.2　网页开发技术

1.2.1　三大核心技术

组成一个可访问的网页一般包括三个版块，分别是网页展示的内容（HTML）、内容呈现的样式（CSS）、浏览网页时的特殊效果（JavaScript）。

1. 网页内容（HTML）

网页内容是向访问用户传递信息的主要途径，如文字、图片、排版等。网页内容的展示一般是由 HTML 代码实现的。HTML 其实就是一种超文本标记语言，其中，"超文本"指页面内包含的文字、图片、链接，甚至是音乐等多媒体元素，它是网页制作必备的编程语言。

HTML：HTML 全称是 Hyper Text Markup Language，也称为超文本标记语言，主要通过 HTML 标签对网页中的文本、图像、音视频、动画等内容进行描述。

1993 年 6 月，第一版作为互联网工程工作小组（IETF）工作草案发布。

1995 年 11 月，发布了 HTML2.0，2000 年 6 月被宣布过时。

1997 年 1 月 14 日，W3C 推荐 HTML3.2。

1997 年 12 月 18 日，W3C 推荐 HTML4.0。

1999 年 12 月 24 日，W3C 推荐 HTML4.01。

2000 年，XHTML1.0 出现，可扩展超文本标记语言，语法上比 HTML 更加严格。

2001 年，发布 XHTML1.1，成为 XHTML 最后的独立标准。

2008 年 1 月 22 日，公布 HTML5 第一份正式草案；2012 年 12 月 17 日，HTML5 规范正式定稿；2014 年 10 月 29 日，HTML5 标准规范定稿发布。

HTML 发展至今，经历了六个版本，过程中增加了许多 HTML 标记，同时也淘汰了一些标记。发展过程中，XHTML 是为了实现 HTML 向 XML 过渡而产生，XHTML 是更加严谨的 HTML 版本。HTML 语法比较宽松，设备兼容难度大；XML 的数据转换能力强，但目前互联网上的网站大多是基于 HTML 编写的，因此，使用 XML 还需一段时间。

2. 样式（CSS）

样式是网页内容具体以什么样的面貌呈现给用户，例如，文字的大小、颜色、边框、间距、背景属性等。这一部分主要通过 CSS 层叠样式完成。CSS 是一种用来表现 HTML 或 XML 等文件样式的计算机语言，能够对网页中的所有元素进行排版，拥有对网页对象和模型样式编辑的能力。

CSS：全称是 Cascading Style Sheets，也称为层叠样式表，CSS 能够对网页中元素位置的排版进行像素级的精确控制，支持几乎所有的字体、字号样式，拥有对网页对象和模型样式编辑的能力。

CSS 语言的发展历程：

1996 年 12 月，W3C 发布了第一个有关样式的标准 CSS1。

1998 年 5 月，W3C 发布了 CSS2。

目前最新版本是 CSS3，但是各个浏览器对它的支持还不完全。所以，流行的版本仍然是 CSS2 与 CSS3 部分功能。

CSS 非常灵活，既可以嵌入 HTML 文档中，也可以是一个单独的外部文件，如果是独立的文件，则必须以 .css 为后缀名。

3. 特殊效果（JavaScript）

在用户浏览网页时，为了增加用户体验，会在网页中设置大量的特殊效果，如网页特效、信息提示框、元素变化的交互体验等。这些特效一般都是通过 JavaScript 代码实现的。

JavaScript 是一种脚本语言，被广泛地应用到 Web 应用开发中，它的解释器 JavaScript 引擎属于浏览器的一部分，其代码由浏览器一边解释一边执行。可以为页面添加轮播图、跑马灯等动态展示效果，让网站更加生动。

这三者之间的关系好比建房子。首先用 HTML 来实现房子的基础，把地基和结构搭建好，正如毛坯房；然后用 CSS 进行房子的美化装修，正如精装房；最后用 JavaScript 实现一些行为上的交互，添加其他使用功能。

1.2.2 客户端浏览器

浏览器是网页的运行平台，是可以把 HTML 文件展示在其中，供用户进行浏览的一种软件，目前主流的三大浏览器有 IE、Chrome、Firefox 等。其他常用的浏览器还有 Edge、Safari、Opera、猎豹、360、UC、QQ 等，如图 1-2 所示。对于一般的网站，只要可兼容 IE 浏览器、谷歌浏览器和火狐浏览器，就能满足绝大多数用户的需求。

图 1-2 客户端浏览器

1. IE

IE 指 Internet Explorer，是微软公司推出的一款网页浏览器，直接绑定在 Windows 操作系统中，无须下载安装，也曾是使用最广泛的浏览器之一。从 1995 年发布 IE1，到 2013 年发布 IE11，经历了 11 个版本的更新。2021 年 5 月，微软发布 IE 浏览器将在 2022 年退出市场，大多数版本的 Windows 10 系统将不再支持 IE 浏览器，被更新、更快、更安全的 Edge 浏览器取代。

2. Chrome

Chrome 指 Google Chrome，是 Google 公司开发的一款设计简单、高效的网页浏览器。Chrome 浏览器基于开元引擎 Webkit、Blink，提供浏览器扩展框架，可以制作与 Adobe-AIR 类似的混合应用。此外，Chrome 浏览器基于更强大的 JavaScript V8 引擎，是当前 Web 浏览器无法实现的。

Google Chrome 又称为谷歌浏览器，目标是提升稳定性、速度和安全性，并创造出简单有效的使用界面。

3. Firefox

Firefox 指 Mozilla Firefox，即火狐浏览器，是 Mozilla 开发的一款网页浏览器。其使用 Gecko 排版引擎，支持多种操作系统，包含隐私保护、分页浏览、全球通用、智能抵制栏等性能。

Firefox 是一个开源网页浏览器，使用 Gecko 引擎（非 IE 内核）。其 Firebug 是火狐浏览器下的一款开发插件，它集 HTML 查看和编辑、JavaScript 控制台、网络状况监视器于一体，是开发 HTML、CSS、JavaScript 等的得力助手。

1.2.3 网页编辑器

在网页开发制作过程中，通常为了方便开发，会选择一些较便捷的编辑工具，如 Dreamweaver、Sublime Text、WebStorm、HBuilder、Visual Studio Code、Editplus、Notepad++等。其中，Dreamweaver 较为常用。

Adobe Dreamweaver（图 1-3）：简称 DW，是集网页制作和网站管理于一体的专业的网页编辑器，利用 DW 可以很容易地制作出跨平台、跨越浏览器限制的网页。同时，在制作过程中可以随时预览编辑效果，及时修改完善。

官网：https://www.adobe.com/products/dreamweaver.html。

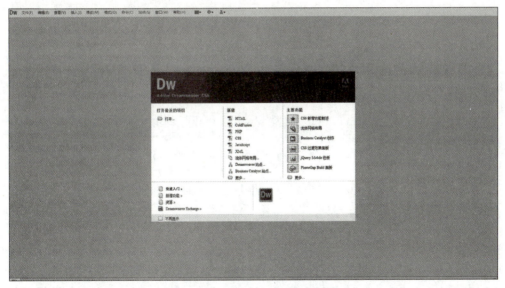

图 1-3　Dreamweaver 编辑软件

Sublime Text（图 1-4）：作为一个人尽皆知的代码编辑器，其优点不用赘述。其同时支持 Windows、Linux、macOS X 等操作系统。其具有界面整洁美观、文本功能强大，且运行速度极快的优点，非常适合编写代码、写文章做笔记。它还支持众多插件扩展，实现强强联手。

官网：http://www.sublimetext.com/。

WebStorm（图 1-5）：是 JetBrains 公司旗下一款 JavaScript 开发工具。其目前已经被广大中国 JS 开发者誉为"Web 前端开发神器""最强大的 HTML5 编辑器""最智能的 JavaScript IDE"

等。其与 IntelliJ IDEA 同源,继承了 IntelliJ IDEA 强大的 JS 部分的功能。WebStorm 是一个适用于 JavaScript 及相关技术的集成开发环境。类似于其他 JetBrains IDE,它也会使用户的开发体验更有趣,自动执行常规工作并帮助用户轻松处理复杂任务。

官网:http://www.jetbrains.com/webstorm/。

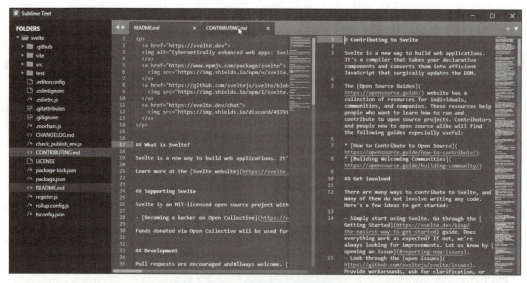

图 1-4　Sublime Text 编辑软件

图 1-5　WebStorm 编辑软件

HBuilder(图 1-6):号称飞速编码的极客工具,手指爽,眼睛爽。HBuilder 是 DCloud(数字天堂)推出的一款支持 HTML5 的 Web 开发 IDE。HBuilder 的编写用到了 Java、C 语言、Web 和 Ruby。HBuilder 本身主体是由 Java 编写的。

官网:https://www.dcloud.io/hbuilderx.html。

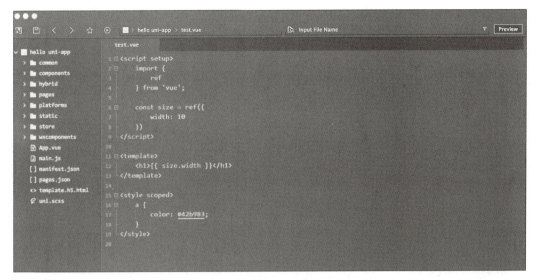

图 1-6　HBuilder 编辑软件

Visual Studio Code（简称 VSCode、VSC）（图 1-7）：是微软推出的跨平台编辑器。它采用经典的 VS 的 UI 布局，功能强大，扩展性很强。VSCode 是一款免费开源的现代化轻量级代码编辑器，支持几乎所有主流的开发语言的语法高亮、智能代码补全、自定义热键、括号匹配、代码片段、代码对比等特性，支持插件扩展，并针对网页开发和云端应用开发做了优化。软件跨平台支持 Win、Mac 以及 Linux。

官网：https://code.visualstudio.com/。

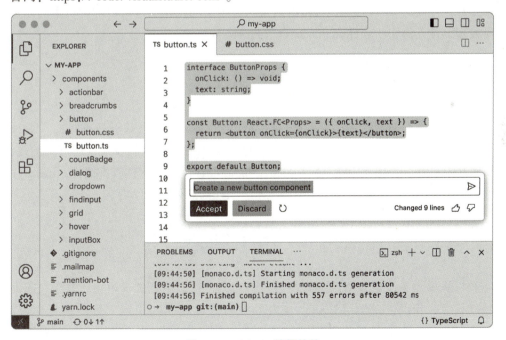

图 1-7　VSCode 编辑软件

EditPlus、Notepad++（图 1-8）等：增强记事本程序。

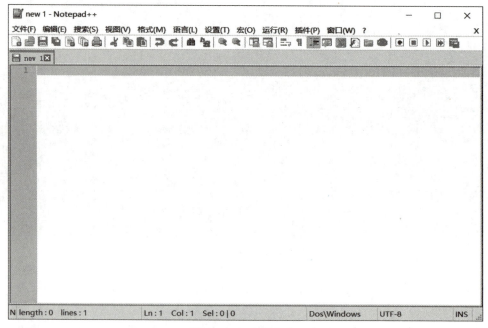

图 1-8 记事本程序

1.2.4 切图软件

切图软件可以对 UI 设计师设计出的效果图进行切图操作，也可以对网页中的图片进行修改等处理。常用的切图软件有 Photoshop、Fireworks。

1.3 拓展技术

本教材主要面向初学者，让读者掌握网站开发的基本技能，基于静态网页，以 HTML、CSS、JavaScript 三大核心技术为主进行介绍。随着技术的不断更新发展，还有如前端框架：Angular、React、Vue，UI 框架：Ant Design，Enquire-js 响应式媒体查询插件，React HTML5 Video 视频播放；React AMap 地图渲染等技术，工作中需要不断学习。

1.4 教材简述

本教材从单元 2 开始介绍网页开发的知识点，在每个单元的学习中，基于校园网站案例介绍知识点，帮助读者学习知识点。为了帮助读者巩固知识点，每个单元学习完后，有单元实训，单元实训基于旅游网站展开。所有单元知识点学习完毕后，实训练习开发一个旅游网站，其中旅游网站首页如图 1-9 所示，景点介绍子页面如图 1-10 所示，注册登录页面如图 1-11 所示，表格子页面如图 1-12 所示。

图 1-9　旅游网站首页

单元 2 HTML 基本标记学完后，掌握基本标签的使用，实现基本的标题、文本、图片的插入，完成景点介绍子页面 HTML 的搭建；单元 3 表格与表单学完后，掌握基本的表格表单的用法，完成注册登录页面和表格子页面 HTML 的搭建；单元 4 CSS 概述和单元 5 CSS 样式学完后，实现对 HTML 基础页面的美化，完成景点介绍子页面、注册登录页面、表格子页面的样式美化；单元 6 CSS 网页布局实例学完后，实现页面的排版，完成网站首页的制作；单元 7 JavaScript 基础和单元 8 利用 JavaScript 制作网页特效学完后，实现网页的特效制作，比如轮播图、跑马灯效果，可完成首页 Banner 图区域的动态效果。

图1-10　景点介绍子页面

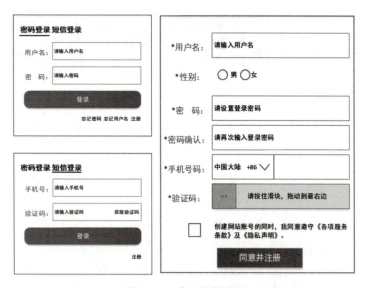

图1-11　注册登录页面

单元 1　网站和网页概述

图 1-12　表格子页面

单元实训

通过本单元的学习，读者了解了网站开发技术的基础知识以及网页开发的三大核心技术等理论基础知识。在开启下一单元知识点学习之前，需要安装部署好开发环境，并熟悉开发工具的基本操作，以确保后续学习的顺利进行。因此，本单元实训主要完成开发环境的部署安装以及熟悉操作环境。具体实训开展任务安排见任务工单和任务评价。

任务工单

根据下表说明，完成实训任务。

任务编号：hcj1-1	实训任务：安装部署开发环境	日期：
姓名：	班级：	学号：
一、任务描述 以安装部署开发环境为任务，采用案例演示、任务驱动等教学法，引导学生按照实训手册完成开发环境的部署安装任务，通过此过程学习网页编辑器的基本知识，掌握开发环境的操作，提升实践操作能力。		

续表

任务编号：hcj1-1	实训任务：安装部署开发环境	日期：
姓名：	班级：	学号：

二、任务目标

素质目标	1. 具有产权保护意识。 2. 具有较强的团队合作意识。 3. 具有善于思考、深入研究的自主学习习惯。 4. 具有分析问题、总结经验的能力。
知识目标	1. 认识网页开发的三大核心技术：HTML、CSS、JavaScript。 2. 熟练网页编辑工具的使用。
能力目标	1. 能够独立安装部署开发环境。 2. 能够完成开发环境的测试。 3. 能够编写一个简单的 html 页面。 4. 能够借助思维导图工具总结知识结构。

三、任务效果

在本机中安装配置好开发环境，以 Sublime Text 为例，安装完成后，首次打开的页面效果参考图如下。

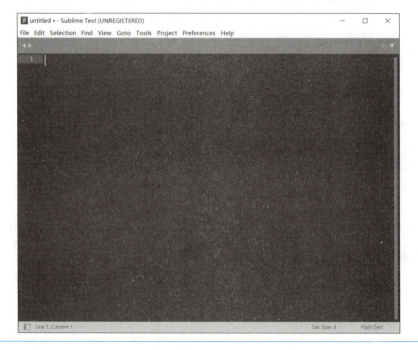

四、任务实施

1. 准备任务所需素材及开发工具（可进入官网下载开发工具安装包）。
2. 根据操作手册进行开发工具的安装。
3. 完成安装后进行测试，编写运行一个简单页面。
4. 进行任务考核。

单元 1　网站和网页概述

续表

任务编号：hcj1-1		实训任务：安装部署开发环境	日期：	
姓名：		班级：	学号：	
五、任务考核				
		评价内容	得分	
自主学习 （10分）		是否通过平台课前提前预习（5分）		
		查阅资料，完成课前任务（5分）		
职业素养 （15分）		团队协作精神，完成工作量多少（5分）		
		学习态度端正，操作认真（5分）		
		沟通和表达能力（5分）		
理论掌握情况 （20分）		回答问题全面，思路清晰（10分）		
		小组讨论积极发言（10分）		
实践操作能力 （55分）		开发环境下载（15分）		
		开发环境安装（25分）		
		开发环境测试（10分）		
		团队意识与自主创新（5分）		
教师评语			总评成绩	

指导教师：

　　　　　　　　　　　　　　　　　　　　　　　　日期：　　年　　月　　日

任务评价

根据下表所列评分要求和准则，结合学习过程中的表现开展自我评价、小组互评、教师评价，对以上三项加权平均，计算出最后得分。

考核项	考核要求		评分准则	配分	自评	互评	师评
基本素养 （20分）	学习态度 （10分）	按时到课，不早退	缺勤全扣；迟到、早退，一次扣1分	2分			
		课堂专注学习	不做与课堂学习无关的事，违反一次扣2分	4分			
		积极思考、回答问题	根据上课统计情况得分	2分			
		学习用品准备	自己主动准备学习用品并齐全	2分			
	职业道德 （10分）	团队合作	主动合作4分，被动合作2分	4分			
		积极进取	主动思考、创新2分	2分			
		高标准、高质量意识	对工作精益求精，4分； 对工作认真，2分；其余不得分	4分			

续表

考核项	考核要求		评分准则	配分	自评	互评	师评
核心技术（40分）	知识点（20分）	1. 了解网站开发流程 2. 掌握网站与网页基本知识点 3. 熟悉网页开发技术	根据在线课程测试情况得1~10分	10分			
			能运用思维导图绘制对应知识结构	10分			
	技能点（20分）	1. 熟练掌握开发工具的下载、安装、测试技术 2. 能够运用开发工具编写简单的测试页面	课上快速、准确明确工作任务要求	10分			
			清晰、准确完成相关操作	10分			
任务完成情况（40分）	按时保质保量完成工作任务（40分）	按时提交	按时提交得10分；迟交得1~5分	10分			
		任务完成度	根据完成情况得1~10分	10分			
		任务准确度	根据准确程度得1~10分	10分			
		团队意识与创新	是否帮助团队成员及是否自主创新，视实际情况得1~10分	10分			
合计				100分			
总分【加权平均（自我评价20%，小组评价30%，教师评价50%）】							
小组组长签字			教师签字				

结合教师、同学的评价及自己在学习过程中的表现，总结自己在本工作领域的主要收获和不足，进行星级评定。

评价内容	主要收获和不足	星级评定
网站开发知识层面		☆☆☆☆☆
网页设计技能层面		☆☆☆☆☆
综合素质层面		☆☆☆☆☆

课后习题

一、填空题

1. 网站的开发包括_____三大阶段。

2. 对应网站开发流程，整个网站开发涉及_____五个主要岗位。

3. Web 标准并不是某一个标准，而是由_____主导连同其他标准化组织一起制定的一系列标准。

4. 因特网上的每台计算机都有唯一的地址，称为_____，用来表示此台计算机在因特网中的位置。

5. _____通常用来作为网站的一个欢迎页面或一个导航页面，通过这个页面，访问者可以获取到网站的主要内容，明确所访问的网站是干什么的、有哪些作用。

6. _____是网页与网页之间联系的纽带，也是网页的重要特色。

二、选择题

1. 网页制作的三大核心技术是（　　）。
   A. HTML　　　　B. CSS　　　　　　C. JavaScript　　　　D. 以上答案都不是

2. 常用的切图软件有（　　）。
   A. Photoshop　　B. Fierworks　　　C. Excel　　　　　　D. WPS

3. 下列属于客户端浏览器的是（　　）。
   A. Firefox　　　B. IE　　　　　　C. Chrome　　　　　D. Photoshop

4. 在网页开发制作过程中，会选择一些较便捷的编辑工具，如 Visual Studio Code、Editplus、Notepad++以及（　　）。
   A. Dreamweaver　B. Sublime Text　　C. WebStorm　　　　D. HBuilder

5. 超文本标记语言是指（　　）。
   A. WWW　　　　B. JavaScript　　　C. HTML　　　　　　D. CSS

三、问答题

1. 静态网页和动态网页最大的区别是什么？
2. 最常用的客户端浏览器有哪些？

单元 2

HTML 基本标记

HTML 的全称为超文本标记语言，是一种标记语言。它包括一系列标签，通过这些标签可以将网络上的文档格式统一，使分散的 Internet 资源连接为一个逻辑整体。HTML 文本是由 HTML 命令组成的描述性文本，HTML 命令可以说明文字、图形、动画、声音、表格、链接等。

超文本是一种组织信息的方式，它通过超级链接方法将文本中的文字、图表与其他信息媒体相互关联。这些相互关联的信息媒体可能在同一文件中，也可能是其他文件，或是地理位置相距遥远的某台计算机上的文件。这种组织信息方式将分布在不同位置的信息资源用随机方式进行连接，为人们查找、检索信息提供方便。

2.1 HTML 基本结构

2.1.1 文档标签

HTML 文档默认被分为两部分：文档头 \<head\> 和文档体 \<body\>，它们都包含在 \<html\>\</html\> 标签对中。

```
<html>
    <head></head>
    <body></body>
</html>
```

其中，网页所有的代码内容都放在 \<html\>\</html\> 标签对里，两个标签必须成对使用。

\<head\> 标签是 HTML 文档所有头部元素的容器，它里面的元素用来描述 HTML 文档的相关信息，如指定网页标题、指示浏览器在何处找到 CSS 样式表等，不会在浏览器中显示。head 部分的元素属性见表 2-1。

表 2-1 head 部分的元素属性

标签	描述	标签	描述
\<head\>	定义了文档的信息	\<meta\>	定义了 HTML 文档中的元数据
\<title\>	定义了文档的标题	\<script\>	定义了客户端的脚本文件
\<base\>	定义了页面链接标签的默认链接地址	\<style\>	定义了 HTML 文档的样式文件
\<link\>	定义了一个文档和外部资源之间的关系		

<body>标签是 HTML 文档的主体部分，在此标签对之间可包含<p></p>、<h1></h1>、<div></div>、<a/>和
等众多标签，它们定义的文本和图像等都会在浏览器中显示出来。

2.1.2 文档注释与特殊符号

在 HTML 学习中，不仅有用来对多媒体元素进行控制的功能性标签对，还有一些具有特殊功能的标签来帮助人们更好地掌握 HTML。

1. <!--…-->

可以在 HTML 文档中加入自己的注释。注释不会显示在页面中，它可以用来提醒网页设计人员回忆相关的程序信息。

经常要在一些代码旁做一些 HTML 注释，这样做的好处很多，比如：方便项目组里的其他程序员了解你的代码，而且可以方便以后对代码的理解与修改等。

注释行的写法如下：

```
<!--这里是一个注释 -->
```

注：在感叹号后要接两个连字符，">"前也要有两个连字符。有些浏览器会对此进行严格检查。

对关键代码的注释是一个良好的习惯。在开发网站或者开发功能模块时，代码的注释尤其重要。因为代码往往都是几百上千行，如果不对关键的代码进行注释，后期有可能看不懂自己当时写的代码。

注释标签用于在源文档中插入注释。注释会被浏览器忽略。

也可以在注释内容中存储针对程序所定制的信息。在这种情况下，这些信息对用户是不可见的，但是对程序来说是可用的。一个好的习惯是把注释或样式元素放入注释文本中，这样就可避免不支持脚本或样式的老浏览器把它们显示为纯文本。

2. 特殊符号

除了常见的 ASCII 字符和汉字，HTML 还有许多特殊字符，它们一起构成了 HTML 字符集。有两种情况需要使用特殊字符：一是在网页中有特殊意义的字符；二是键盘上没有的字符。表 2-2 所列为一些常见的特殊符号。

表 2-2 常见的特殊符号

显示结果	描述	实体名称	显示结果	描述	实体名称
	空格		"	引号	&quot;
<	小于号	&lt;	×	乘号	&times;
>	大于号	&gt;	÷	除号	&divide;
&	和号	&amp;			

例 2.1.1.html 代码如下：

```
<!DOCTYPE html>
<html>
    <body>
        <!--这是一段注释。注释不会在浏览器中显示。-->
        <p>这是一段普通的段落。</p>
    </body>
</html>
```

运行结果如图 2-1 所示。

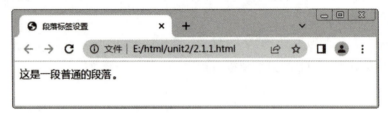

图 2-1　例 2.1.1.html 运行结果

2.2　文本设置

文字的编辑排版对于一个网页是非常重要的，一个网页的主要信息多数情况下都是用文字表现的。表 2-3 所列是一些常见的文字标签。

表 2-3　常见的文字标签

标签	功能	标签	功能
 	强制让文本换行	<i>内容</i>	文字斜体，没有任何语意
<p>段落</p>	段落标签	<a>内容</a>	锚文本、超链接
内容	加粗标签	<h1~h6>内容</h1~h6>	标题标签
内容	加粗标签	<pre>内容</pre>	预格式化
内容	表示强调语气，以斜体方式展现		

例 2.2.1.html 代码如下：

```
<html>
    <head>
        <meta http-equiv="Content-Type" content="text/html; charset=utf-8" />
        <title>字体标签</title>
```

```
        </head>
        <body>
            <h1>师生篮球赛奏响新生大学生活的前奏曲</h1>
            <p>
10 月 26 日下午,院长率领我院教师篮球队在学校二号篮球场与新生篮球队进行了一场别开生面的师
生篮球赛。
            </p>
            <p>
本场篮球赛是学院老师与 2021 级新生的一次近距离的交流。<br>
同学们热情参赛,充分展现大学生的<b>青春风采</b>,老师们也<b>奋勇拼搏</b>,发挥精彩;<br>赛
场上球员们默契的配合、精准的投篮让本场比赛惊喜连连,也进一步展现出信息工程学院师生们健康运动
的精神风貌。
            </p>
            <pre>
我院本次新生师生篮球赛,促进了师生之间的交流,增进了师生的相互了解,拉近了师生之间的距离,
开始了师生一生的缘分,奏响了新生在学校大学生活的的前奏曲,开启了新同学们在学校快乐学习、快乐
生活,放飞人生理想的新征程。
            </pre>
        </body>
</html>
```

运行结果如图 2-2 所示。

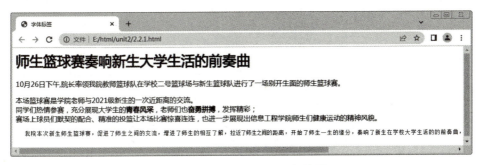

图 2-2　例 2.2.1.html 运行结果

2.3　多媒体标签设置

2.3.1　图片标签

在 HTML 中,图像由<img>标签定义。<img>是空标签,意思是说,它只包含属性,并且没有闭合标签。要在页面上显示图像,需要使用源属性(src)。src 指 source。源属性的值是图像的 URL 地址<img>标签常用的属性见表 2-4。

表 2-4 <img>标签常用的属性

属性	值	描 述
alt	text	定义有关图形的短的描述
src	url	要显示的图像的 URL
align	top、bottom、left、right	规定如何根据周围的文本来对齐图像。HTML5 不支持，请使用 CSS 代替
border	pixels	定义图像周围的边框。HTML5 不支持，请使用 CSS 代替
height	pixels	定义图像的高度
hspace	pixels	定义图像左侧和右侧的空白。HTML5 不支持，请使用 CSS 代替
ismap	url	把图像定义为服务器端的图像映射
longdesc	url	一个 URL，指向了描述该图像的文档。HTML5 不支持
usemap	url	定义作为客户端图像映射的一幅图像。请参阅<map>和<area>标签，了解其工作原理
vspace	pixels	定义图像顶部和底部的空白。HTML5 不支持，请使用 CSS 代替
width	pixels	设置图像的宽度

例 2.3.1.html 代码如下：

```
<html>
    <head>
    <meta http-equiv="Content-Type" content="text/html;charset=utf-8" />
        <title>图片标签设置</title>
    </head>
    <body>
        <img src="imges/2.3.1.jpg" alt="篮球赛" height="200" width="200">
    </body>
</html>
```

运行结果如图 2-3 所示。

图 2-3　例 2.3.1.html 运行结果

相对路径与绝对路径：

（1）绝对路径一般是指带有盘符的路径。

例如，"G:\HTML\2.3.1.html"，或完整的网络地址，如 http://www.baidu.edu.cn/2.3.1.html。

单元 2　HTML 基本标记

网页中不推荐使用绝对路径，因为网页制作完成之后，需要将所有的文件上传到服务器，这时图像文件可能在服务器的 C 盘，也有可能在 D 盘、E 盘，可能在 a 文件夹中，也有可能在 b 文件夹中，也就是说，很有可能不存在"G:\HTML\2.3.1.html"这样一个路径。

（2）相对路径不带有盘符，通常是以 HTML 网页文件为起点，通过层级关系描述目标图像的位置。

例如：

```
<img src="imges/2.3.1.jpg"alt="篮球赛"height="200" width="200">
```

相对路径的设置分为以下 3 种：

- 图像文件和 html 文件位于同一文件夹，只需输入图像文件的名称即可，如：

```
< img src="2.3.1.jpg"/>
```

- 图像文件位于 html 文件的下一级文件夹，输入文件夹名和文件名，之间用"/"隔开，如：

```
<img src="imges/2.3.1.jpg"/>
```

- 图像文件位于 html 文件的上一级文件夹，在文件名之前加入"…/"，如果是上两级，则需要使用"…/…/"，依此类推，如：

```
< img src="…/2.3.1.jpg"/>
```

2.3.2　超链接标签

超链接由源端点和目标端点两部分组成，其中设置了链接的一端称为源端点，跳转到的页面或对象称为目标端点，源端点可以是文字或图像等。HTML 超链接主要由标签对<a></a>和属性 href 构成。要实现链接的跳转，必须使用属性 href。

超链接分为文字超链接、图片超链接、锚点超链接和邮件超链接几种类型。

1. 文字超链接

```
<a href="跳转文件的地址">链接文字</a>
```

例 2.3.2.html 代码如下：

```
<html>
    <head>
    <meta http-equiv="Content-Type" content="text/html; charset=utf-8" />
        <title>文字超链接标签设置</title>
    </head>
    <body>
        <a href="2.3.1.html">内部文件跳转</a><br />
        <a href="http://www.baidu.com">外部内容跳转</a>
    </body>
</html>
```

运行结果如图 2-4 所示。

图 2-4　例 2.3.2.html 运行结果

2. 图片超链接

```
<a href="跳转文件的地址"><img src="1.jpg"></a>
```

例 2.3.3.html 代码如下：

```
<html>
    <head>
    <meta http-equiv="Content-Type" content="text/html; charset=utf-8" />
        <title>图片超链接设置</title>
    </head>
    <body>
        <a href="跳转文件的地址"><img src="tp.jpg" width="200" height="130"></a>
    </body>
</html>
```

运行结果如图 2-5 所示。

图 2-5　例 2.3.3.html 运行结果

3. 锚点超链接（同一页面跳转）

锚点的地方采用<a name="锚点名称">目标位置</a>；标题的链接表示为<a href=#锚点名称>标题名</a>。

4. 邮件超链接

```
<a href="mailto:邮箱地址">链接文字</a>
```

2.4 列表标签

2.4.1 无序列表标签

ul 无序列表是网页中最常用的列表，之所以称为"无序列表"，是因为其各个列表项之间没有顺序级别之分，通常是并列的。定义无序列表的基本语法格式如下：

```
<ul>
    <li>列表项 1</li>
    <li>列表项 2</li>
    <li>列表项 3</li>
</ul>
```

例 2.4.1.html 代码如下：

```
<html>
  <head>
    <meta http-equiv="Content-Type" content="text/html; charset=utf-8" />
    <title>无序列表标签设置</title>
  </head>
  <body>
    <h3>专业分类:</h3>
      <ul>
        <li>计算机类</li>
        <li>动物医学类</li>
        <li>临床医学类</li>
        <li>公共管理类</li>
        <li>心理学类</li>
      </ul>
  </body>
</html>
```

运行结果如图 2-6 所示。

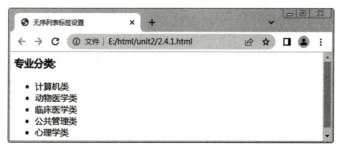

图 2-6 例 2.4.1.html 运行结果

2.4.2 有序列表标签

ol 有序列表即为有排列顺序的列表,其各个列表项按照一定的顺序排列。例如网页中常见的歌曲排行榜、游戏排行榜等都可以通过有序列表来定义。定义有序列表的基本语法格式如下:

```
<ol>
    <li>列表项 1</li>
    <li>列表项 2</li>
    <li>列表项 3</li>
< /ol>
```

例 2.4.2.html 代码如下:

```
<html>
    <head>
    <meta http-equiv="Content-Type" content="text/html; charset=utf-8" />
        <title>有序列表标签设置</title>
    </head>
    <body>
        <h3>收视排行:</h3>
        <ol>
            <li>2021年世界乒乓球男单决赛</li>
            <li>CBA 广州队比赛结果</li>
            <li>世界排球大赛北京站中国比赛</li>
            <li>冬奥会选拔赛</li>
        </ol>
    </body>
</html>
```

运行结果如图 2-7 所示。

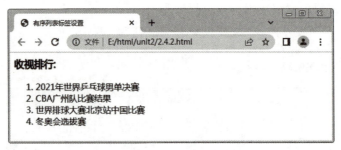

图 2-7 例 2.4.2.html 运行结果

2.4.3 定义列表标签

定义 dl 列表常用于对术语或名词进行解释和描述,与无序和有序列表不同,定义列表的列表项前没有任何项目符号。

```html
<dl>
    <dt>名词 1</dt>
        <dd>名词 1 解释 1</dd>
        <dd>名词 1 解释 2</dd>
    <dt>名词 2</dt>
        <dd>名词 2 解释 1</dd>
        <dd>名词 2 解释 2</dd>
</dl>
```

例 2.4.3.html 代码如下：

```html
<html>
    <head>
    <meta http-equiv="Content-Type" content="text/html; charset=utf-8" />
        <title>例 2.4.3</title>
    </head>
    <body>
        <h3>工学类:</h3>
        <dl>
            <dt>计算机类</dt>
                <dd>人工智能</dd>
                <dd>物联网工程</dd>
                <dd>软件工程</dd>
            <dt>土木类</dt>
                <dd>铁道工程</dd>
                <dd>智能建造</dd>
        </dl>
    </body>
</html>
```

运行结果如图 2-8 所示。

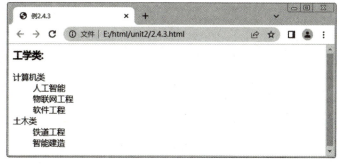

图 2-8　例 2.4.3.html 运行结果

2.5 HTML5 概述

2.5.1 HTML5 概述

HTML5 是构建 Web 内容的一种语言描述方式。HTML5 是互联网的下一代标准，是构建以及呈现互联网内容的一种语言方式。被认为是互联网的核心技术之一。

HTML5 在 HTML4.01 的基础上进行了一定的改进，虽然技术人员在开发过程中可能不会将这些新技术投入应用，但是对于此种技术的新特性，网站开发技术人员是必须要有所了解的。HTML5 允许程序通过 Web 浏览器运行，并且将视频等目前需要插件和其他平台才能使用的多媒体内容也纳入其中，这将使浏览器成为一种通用的平台，用户通过浏览器就能完成任务。此外，消费者还可以访问以远程方式存储在"云"中的各种内容，不受位置和设备的限制。由于 HTML5 技术中存在较为先进的本地存储技术，所以其能做到降低应用程序的响应时间，为用户带来更便捷的体验。

2.5.2 HTML5 常用元素和属性

为了更好地处理今天的互联网应用，HTML5 添加了很多新元素及功能，比如图形的绘制、多媒体内容、更好的页面结构、更好的形式处理、拖放 API 元素、定位，包括网页应用程序缓存、存储、网络工作者等。

1. 多媒体（表 2-5）

表 2-5 多媒体常用的属性

标签	描述
<audio>	定义音频内容
<video>	定义视频（video 或者 movie）
<source>	定义多媒体资源<video>和<audio>
<embed>	定义嵌入的内容，比如插件
<track>	为诸如<video>和<audio>元素之类的媒介规定外部文本轨道

2. 语义和结构（表 2-6）

表 2-6 语义和结构常用的属性

标签	描述
<article>	定义页面独立的内容区域
<aside>	定义页面的侧边栏内容
<bdi>	允许设置一段文本，使其脱离其父元素的文本方向设置
<command>	定义命令按钮，比如单选按钮、复选框或按钮

单元 2　HTML 基本标记

续表

标签	描　述
<details>	用于描述文档或文档某个部分的细节
<dialog>	定义对话框，比如提示框
<summary>	标签包含 details 元素的标题
<figure>	规定独立的流内容（图像、图表、照片、代码等）
<figcaption>	定义<figure>元素的标题
<footer>	定义 section 或 document 的页脚
<header>	定义文档的头部区域
<mark>	定义带有记号的文本
<meter>	定义度量衡。仅用于已知最大值和最小值的度量
<nav>	定义运行中的进度（进程）
<progress>	定义任何类型的任务的进度
<ruby>	定义 ruby 注释（中文注音或字符）
<rt>	定义字符（中文注音或字符）的解释或发音
<rp>	在 ruby 注释中使用，定义不支持 ruby 元素的浏览器所显示的内容
<section>	定义文档中的节（section、区段）
<time>	定义日期或时间
<wbr>	规定在文本中的何处适合添加换行符

单元实训

通过本单元的学习，读者学习了网站开发技术的基础 HTML 标签的基本结构和列表标签。本单元实训主要完成网页页面基本布局设计以及合理使用列表标签。具体实训开展任务安排见任务工单和任务评价。

任务工单

根据下表说明，完成实训任务。

任务编号：hcj2-1		实训任务：制作简介页面		日期：	
姓名：		班级：		学号：	
一、任务描述 以实际网站开发中子网页设计为任务，采用案例演示、任务驱动等教学法，引导学生按网站开发流程、围绕网站总体框架完成 HTML 标签部分子网页设计任务，通过此过程学习网页设计中文字、图片和列表标签理论知识，掌握文字、图片和列表标签的灵活使用方法，提升网页设计能力。					

续表

任务编号：hcj2-1	实训任务：制作简介页面	日期：
姓名：	班级：	学号：

二、任务目标

素质目标	1. 具有善于思考、深入研究的自主学习习惯。 2. 具有分析问题、总结经验的能力。
知识目标	1. HTML 标签的基本结构。 2. 熟练运用文字、图片标签。 3. 熟练运用列表标签。
能力目标	1. 能够独立设计页面布局。 2. 能够对文字和图片进行排版。 3. 能够灵活运用列表标签。

三、任务效果

使用本机安装好的软件环境设计网页。页面效果参考图如下。

今天是：2021年12月18日 星期六 注册 登入
网站首页 旅游景点 酒店预订 机票预订 旅游攻略 门票活动 联系我们

推荐路线

- 铜仁市区至梵净山
- 铜仁市区至朱砂古镇
- 铜仁市区至石阡温泉
- 铜仁市区至松桃苗王城
- 铜仁市区至九龙洞
- 铜仁市区至江口云舍
- 铜仁市区至玉屏茶花泉

酒店名字 地点 价钱

酒店名字 地点 价钱

酒店名字 地点 价钱

特价机票

友情链接
声明

单元 2　HTML 基本标记

续表

任务编号：hcj2-1	实训任务：制作简介页面	日期：
姓名：	班级：	学号：

四、任务实施

1. 准备任务所需素材及开发工具（网上下载或自行设计）。
2. 根据任务效果完成页面设计（并保存文档）。
3. 进行任务考核。

五、任务考核

评价内容		得分
自主学习 （10 分）	是否通过平台课前提前预习（5 分）	
	查阅资料，完成课前任务（5 分）	
职业素养 （10 分）	学习态度端正，操作认真（5 分）	
	沟通和表达能力（5 分）	
理论掌握情况 （20 分）	回答问题全面，思路清晰（10 分）	
	小组讨论积极发言（10 分）	
实践操作能力 （60 分）	页面设计（15 分）	
	文字排版（25 分）	
	图片排版（10 分）	
	列表排版（10 分）	
教师评语		总评成绩

指导教师：

日期：　　年　　月　　日

任务评价

根据下表所列评分要求和准则，结合学习过程中的表现开展自我评价、小组互评、教师评价，对以上三项加权平均，计算出最后得分。

考核项		考核要求	评分准则	配分	自评	互评	师评
基本素养（20分）	学习态度（10分）	按时到课，不早退	缺勤全扣；迟到、早退，一次扣1分	2分			
		课堂专注学习	不做与课堂学习无关的事，违反一次扣2分	4分			
		积极思考、回答问题	根据上课统计情况得分	2分			
		学习用品准备	自己主动准备学习用品并齐全	2分			
基本素养（20分）	职业道德（10分）	团队合作	主动合作4分，被动合作2分	4分			
		积极进取	主动思考、创新2分	2分			
		高标准、高质量意识	对工作精益求精，4分；对工作认真，2分；其余不得分	4分			
核心技术（40分）	知识点（20分）	1. 页面基本结构 2. 掌握文字和图片的排版 3. 熟悉列表标签的使用	根据在线课程测试情况得1~10分	10分			
			能运用思维导图绘制对应知识结构	10分			
	技能点（20分）	1. 熟练掌握文字排版 2. 熟练掌握图片排版 3. 熟练掌握列表排版	课上快速、准确明确工作任务要求	10分			
			清晰、准确完成相关操作	10分			
任务完成情况（40分）	按时保质保量完成工作任务（40分）	按时提交	按时提交得10分；迟交得1~5分	10分			
		任务完成度	根据完成情况得1~10分	10分			
		任务准确度	根据准确程度得1~10分	10分			
		团队意识与创新	是否帮助团队成员及是否自主创新，视实际情况得1~10分	10分			
合计				100分			
总分【加权平均（自我评价20%，小组评价30%，教师评价50%）】							
小组组长签字			教师签字				

结合教师、同学的评价及自己在学习过程中的表现，总结自己在本工作领域的主要收获和不足，进行星级评定。

评价内容	主要收获和不足	星级评定
网站页面设计层面		☆☆☆☆☆

续表

评价内容	主要收获和不足	星级评定
灵活使用技能层面		☆☆☆☆☆
综合素质层面		☆☆☆☆☆

课后习题

一、填空题

1. 创建一个 HTML 文档的开始标记符是_____；结束标记符是_____。

2. HTML 网页文件的标记是_____，网页文件的主体标记是_____，标记页面标题的标记是_____。

3. 文件头标签包括关键字、描述、_____、基础和链接等。

4. 设置文档标题以及其他不在 Web 网页上显示的信息的开始标记符是_____；结束标记符是</head>。

5. 设置文档的可见部分的开始标记符是<body>；结束标记符是_____。

6. 网页标题会显示在浏览器的标题栏中，则网页标题应写在开始标记符_____和结束标记符</title>之间。

7. HTML 是一种描述性的_____语言，主要用于组织网页的内容和控制输出格式。

二、选择题

1. 用 HTML 标记语言编写一个简单的网页，网页最基本的结构是（　　）。

A. <html> <head>…</head> <frame>…</frame> </html>

B. <html> <head>…</head> <body>…</body> </html>

C. <html> <title>…</title> <body>…</body> </html>

D. <html> <title>…</title> <frame>…</frame> </html>

2. 创建最大的标题的文本标签是（　　）。

A. <pre></pre>　　B. <h1></h1>　　C. <h6></h6>　　D. <b></b>

3. HTML 网页的基本结构包括（　　）。

A. 头部结束</head>　　　　　　B. 主体开始<body>

C. 网页开始<html>　　　　　　D. 网页标题开始<title>

4. 在 html 中，描述定义了文档信息的标签是（　　）。
　　A. <title>　　　　B. <head>　　　　C. <base>　　　　D. <link>
5. 在 HTML 文档中，使用（　　）标记定义的文本在浏览器中显示时，将遵循在 HTML 源文档中定义的格式。
　　A. <P>　　　　　B.
　　　　　C. <PRE>　　　　D. <A>
6. 要将页面设置超链接在普通、悬停、已访问、激活状态下的不同外观，应优先使用（　　）。
　　A. ID 选择器　　B. 伪类选择器　　C. 类选择器　　D. HTML 选择器
7. 在 HTML 文档中，（　　）用于换段。
　　A. <P>　　　　　B.
　　　　C. <PRE>　　　　D. <A>
8. 超链接使用（　　）属性表示要连接到的网页地址。
　　A. src　　　　　B. name　　　　　C. url　　　　　　D. Href
9. 关于<hr size = "6" color = "#000FF" width = "50%"/>代码片段的说法，不正确的是（　　）。
　　A. size 是指水平线的长度　　　　　B. size 是指水平线的高度
　　C. color 是指水平线的宽度　　　　　D. width 是指水平线的高度

三、问答题

1. 请谈一谈你所理解的在网页设计中的 HTML。
2. 什么是相对路径与绝对路径？
3. 什么是超链接？超链接包括哪些类型？

单元 3

表格与表单

3.1 表格设置

在网页制作中，表格起着重要的作用，除了用来对齐数据之外，更多的用来进行网页排版，使一些数据信息更容易浏览。

3.1.1 表格标签

在 html 的语法中，表格一般通过 3 个标签元素来构建，常用的表格元素包括 table（表格）元素、tr（表格行）元素、th（表头）元素和 td（表格单元格）元素，它们组成了 html 的基本表格结构。表格标签见表 3-1。

表 3-1 表格标签

标签	描述
<table>	创建表格标签
<tr>	标识表格中的一行
<th>	表示表头
<td>	标识表格中的一个单元格

table 元素由 tr 元素组成，tr 元素又由 th（表头）元素和 td（表格单元格）元素组成。值得注意的是，html 的基本表格元素并没有排版功能，因此，在没用应用 CSS 的情况下，在浏览器中是看不到表格线的。

例 3.1.1. html 代码如下：

```
<html>
    <head>
    <meta http-equiv="Content-Type" content="text/html; charset=utf-8" />
        <title>表格标签设置</title>
    </head>
    <body>
        <table width="360" border="1" cellspacing="0" cellpadding="0">
            <tr>
                <th> </th>
```

```
                    <th> </th>
                    <th> </th>
                </tr>
                <tr>
                    <td> </td>
                    <td> </td>
                    <td> </td>
                </tr>
                <tr>
                    <td> </td>
                    <td> </td>
                    <td> </td>
                </tr>
            </table>
        </body>
</html>
```

运行结果如图 3-1 所示。

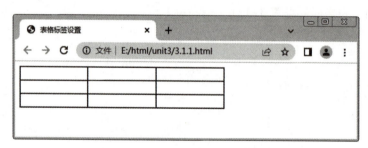

图 3-1　例 3.1.1.html 运行结果

3.1.2　表格基本设置

可以通过一些基本属性的设置来控制表格大小、文字对齐方式等，见表 3-2。

表 3-2　表格基本属性

属性	描　述
width	设置表格的宽度
height	设置表格的高度
align	设置表格对齐方式，取值有 left、center、right
bgcolor	设置表格背景颜色，通常用英文颜色名称、颜色十六进制和 RGB 颜色值
background	设置表格背景图片

（1）设置表格的宽度和高度。

表格的宽度和高度根据内容自动调整，也可以手动设置。具体语法如下：

单元3 表格与表单

```
<table width=value    height=value></table>
         属性   属性值    属性  属性值
<table   width="100" height="value"></table>
```

（2）设置表格的边框。使用<table>标签的 border 属性设置表格边框，默认情况下，表格的边框为0。具体语法如下：

```
<table border=value></table>
```

（3）设置表格的对齐方式。在表格中，通过设置属性 align 的值来设定表格的对齐方式，对齐方式可以取值为 left、center、right。具体语法如下：

```
<table align=left\center\right> </table>
```

（4）设置表格的背景颜色。bgcolor 的值可以定义表格的背景颜色；value：颜色的值，可以为英文颜色名称或十六进制颜色值。具体语法如下：

```
<table bgcolor=value></table>
```

（5）设置表格的背景图片。设置属性 background 的值可以为表格的背景加入一张背景图片。value：图片的地址，绝对路径，也可以为相对路径。具体语法如下：

```
<table background=value></table>
```

例3.1.2. html 代码如下：

```
<html>
    <head>
        <meta http-equiv="Content-Type" content="text/html; charset=utf-8" />
        <title>表格属性标签设置1</title>
    </head>
    <body>
        <table width="360" height="300" border="1" align="center" cellpadding="0" cellspacing="0" bgcolor="#3366FF">
            <tr>
                <th> </th>
                <th> </th>
                <th> </th>
            </tr>
            <tr>
                <td> </td>
                <td> </td>
                <td> </td>
            </tr>
        </table>
    </body>
</html>
```

运行结果如图 3-2 所示。

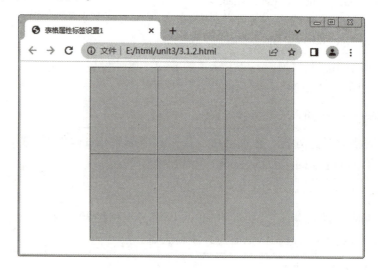

图 3-2 例 3.1.2.html 运行结果

对于表格中的 tr、th 以及 td 标签，同样可以使用上述一些属性对其进行相对应的设置。例 3.1.3.html 代码如下：

```
<html>
    <head>
    <meta http-equiv="Content-Type" content="text/html; charset=utf-8" />
        <title>表格属性标签设置 2</title>
    </head>
    <body>
        <table width="360" height="300" border="1" align="center" cellpadding="0" cellspacing="0" bgcolor="#3366FF">
            <tr>
                <th bgcolor="#00FF00">1</th>
                <th>2</th>
                <th>3</th>
            </tr>
            <tr>
                <td align="right" bgcolor="#FFFFFF">4</td>
                <td>5</td>
                <td>6</td>
            </tr>
        </table>
    </body>
</html>
```

运行结果如图 3-3 所示。

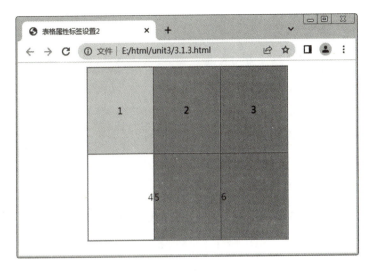

图 3-3　例 3.1.3.html 运行结果

注意：align 在里面是指水平方向的对齐，如果要在垂直方向对齐，则使用 valign 属性，它的值有 top、middle 和 bottom。

3.2　表单设置

3.2.1　表单标签

在 HTML 中，表单在网页中主要负责数据采集。一个表单有以下三个基本组成部分。

表单标签：相当于一个容器，用来容纳所有的表单控件和提示信息，可以通过它定义处理表单数据所用程序的 url 地址码，以及数据提交到服务器的方法；如果不定义表单域，表单中的数据就无法传送到后台服务器。

表单域：包含了文本框、密码框、隐藏域、多行文本框、复选框、单选框、下拉选择框和文件上传框等。

表单按钮：包括提交按钮、复位按钮和一般按钮。用于将数据传送到服务器上的 CGI 脚本或者取消输入，还可以用表单按钮来控制其他定义了处理脚本的处理工作。

要想让表单中的数据传送给后台服务器，就必须定义表单域，在 HTML 中，\<form\>\</form\> 标记被用于定义表单域，即创建一个表单，以实现用户信息的收集和传递。\<form\>\</form\> 中的所有内容都会被提交给服务器。创建表单的基本语法格式如下：

```
<form action="URL 地址" method="提交方式" name="表单名称">
    各种表单控件：
</form>
```

例 3.2.1. html 代码如下：

```html
<html>
    <head>
        <meta http-equiv="Content-Type" content="text/html; charset=utf-8" />
            <title>表单标签设置</title>
    </head>
    <body>
        <p>用户<span>免费</span>注册会员：</p>
<div>
        <form>
                登录账号：
                <input name="username" type="text" id="username" class="y" value="" size="15" maxlength="8" /><br />
                登录密码：
                <input name="textfield2" type="password" id="textfield2" value="" size="15" maxlength="6" /><br />
                确认密码：
                <input name="textfield" type="password" id="textfield" size="15" maxlength="6" /><br />
                会员性别：
                <input type="radio" name="radio" id="radio" value="radio" />男
                <input type="radio" name="radio" id="radio2" value="radio2" />女
                <input type="radio" name="radio" id="radio3" value="radio3" />保密<br />
                个人爱好：
                <input type="checkbox" name="checkbox" id="checkbox" />旅游
                <input type="checkbox" name="checkbox2" id="checkbox2" />看书
                <input type="checkbox" name="checkbox3" id="checkbox3" />运动
                <input type="checkbox" name="checkbox4" id="checkbox4" />游戏<br />
                出生年月：
                <select name="select" id="select">
                    <option>2000</option>
                    <option>2001</option>
                    <option>2002</option>
                    <option>2003</option>
                </select>
                年
                <select name="select2" id="select2">
                    <option value="a">1</option>
                    <option value="b">2</option>
                    <option value="c">3</option>
                    <option value="d">4</option>
```

```
                <option value="e">5</option>
            </select>
            月
            <select name="select3" id="select3">
                <option>26</option>
                <option>27</option>
                <option>28</option>
                <option>29</option>
                <option>30</option>
                <option>31</option>
            </select>
            日<br />
            <input type="submit" name="button" id="button" value="注册" />
            <input type="reset" name="button2" id="button2" value="取消" />
            <input type="button" name="button3" id="button3" value="按钮" /><br />
            阅读会员协议:<br />
            <textarea name="textarea" id="textarea" cols="45" rows="5">
```
以上代码中,value 属性值会传递到后台,即上面的"值 1""值 2"这些内容会在表单提交时传递到后台;而"选项 1""选项 2"等是由标签对定义的文本,是下拉列表中的选项。
```
            </textarea>
        </form>
    </div>
</body>
</html>
```

运行结果如图 3-4 所示。

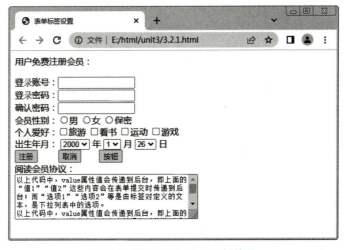

图 3-4　例 3.2.1.html 运行结果

3.2.2 插入表单对象

在网页中经常看见文本框、密码框、多行文本框、复选框、单选框等元素，要使用这些元素，就必须使用 input 这个控件来实现，其基本语法格式如下：

```
<input type="控件类型名">
```

input 是最重要的表单标签，重要属性包括：

name：为文本框命名，用于提交表单，后台接收数据用。

value：为文本输入框设置默认值（一般起到提示作用）。

type：通过定义不同的 type 类型，input 的功能有所不同，见表 3-3。

表 3-3 表单对象属性

名称	描述
text	单行文本输入框
password	密码输入框（密码显示为＊＊＊）
radio	单选框（checked 属性用于显示选中状态）
checkbox	复选框（checked 属性用于显示选中状态）
file	上传文件
button	普通按钮
reset	重置按钮（单击按钮，会触发 form 表单的 reset 事件）
submit	提交按钮（单击按钮，会吃饭 form 表单的 submit 事件）
email	专门用于输入 email
url	专门用于输入 url
number	专门用于输入 number
range	显示为滑动条，用于输入一定范围内的值
date	选取日期和时间（还包含 month、week、time、datetime、datetime-local）
color	选取颜色

1. text、password 控件

例 3.2.2_1.html 代码如下：

```
<html>
    <head>
    <meta http-equiv="Content-Type" content="text/html; charset=utf-8" />
        <title>文本框标签设置</title>
    </head>
    <body>
        <form action="" method="get">
        账号:<input name="" type="text" /><br />
        密码:<input name="" type="password" />
```

```
        </form>
    </body>
</html>
```

运行结果如图 3-5 所示。

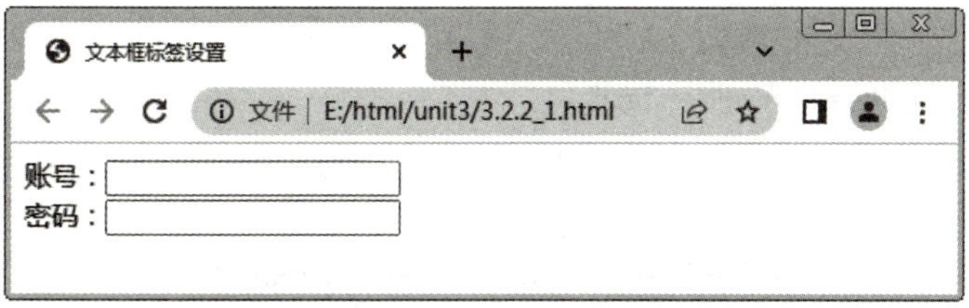

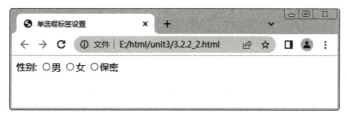

图 3-5　例 3.2.2_1.html 运行结果

2. radio 单选框

例 3.2.2_2.html 代码如下：

```
<html>
    <head>
        <meta http-equiv="Content-Type" content="text/html; charset=utf-8" />
        <title>单选框标签设置</title>
    </head>
    <body>
        <form action="" method="get">
            性别：
            <input type="radio" name="radio" id="radio" value="radio">男
            <input type="radio" name="radio" id="radio" value="radio">女
            <input type="radio" name="radio" id="radio" value="radio">保密
        </form>
    </body>
</html>
```

运行结果如图 3-6 所示。

图 3-6　例 3.2.2_2.html 运行结果

3. checkbox 复选框

例 3.2.2_3.html 代码如下：

```html
<html>
    <head>
    <meta http-equiv="Content-Type" content="text/html; charset=utf-8" />
        <title>复选框标签设置</title>
    </head>
    <body>
        <form action="" method="get">
        兴趣:
        <label>
        <input type="checkbox" name="checkbox" id="checkbox">
        看书</label>
        <label>
        <input type="checkbox" name="checkbox2" id="checkbox2">
        运动</label>
        <label>
        <input type="checkbox" name="checkbox3" id="checkbox3">
        唱歌</label>
        <label>
        <input type="checkbox" name="checkbox4" id="checkbox4">
        旅游</label>
        </form>
    </body>
</html>
```

运行结果如图3-7所示。

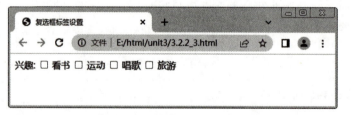

图3-7 例3.2.2_3.html 运行结果

4. button 按钮

例3.2.2_4.html 代码如下：

```html
<html>
    <head>
    <meta http-equiv="Content-Type" content="text/html; charset=utf-8" />
        <title>按钮标签设置</title>
    </head>
```

```
    <body>
        <form action="" method="get">
        信息已保存,是否提交!! <br>
        <input type="submit" name="button" id="button" value="提交">
        <input type="reset" name="button2" id="button2" value="重置">
        </form>
    </body>
</html>
```

运行结果如图 3-8 所示。

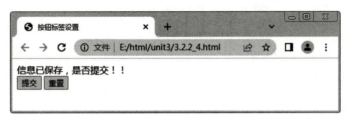

图 3-8　例 3.2.2_4.html 运行结果

5. 下拉选择框 `<select></select>`

例 3.2.2_5.html 代码如下：

```
<html>
    <head>
    <meta http-equiv="Content-Type" content="text/html; charset=utf-8" />
        <title>下拉选择框标签设置</title>
    </head>
    <body>
        <form action="" method="get">
        出生地:
        <label>
            <select name="select" id="select">
                <option>贵州</option>
                <option>湖南</option>
                <option>北京</option>
                <option>上海</option>
                <option>广州</option>
            </select>
        </label>
        </form>
    </body>
</html>
```

运行结果如图 3-9 所示。

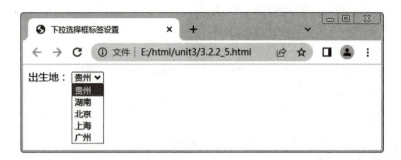

图 3-9　例 3.2.2_5.html 运行结果

6. 文本域 <textarea></textarea>

例 3.2.2_6.html 代码如下：

```
<html>
    <head>
    <meta http-equiv="Content-Type" content="text/html; charset=utf-8" />
        <title>文本域标签设置</title>
    </head>
    <body>
        <form action="" method="get">
        个人简介：<br>
        <textarea name="textarea" id="textarea" cols="45" rows="5"></textarea>
        </form>
    </body>
</html>
```

运行结果如图 3-10 所示。

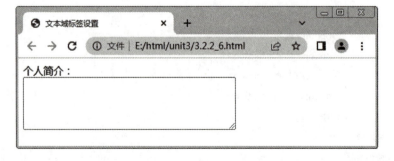

图 3-10　例 3.2.2_6.html 运行结果

3.2.3 表单基本设置

通过学习各种表单的应用后，可以制作一个页面。

例3.2.3.html 代码如下：

```html
<html>
    <head>
        <meta http-equiv="Content-Type" content="text/html; charset=utf-8" />
            <title>表单标签基本设置</title>
    </head>

    <body>
            <h1>校园网注册</h1>
            <form action="regist" method="post">
            用户名:<input type="text" name="username" id="username" value="" />
            <input type="button" name="checkusername" id="checkusername" value="检查用户名是否被注册" /><br />
            密码:<input type="password" name="password" id="password" value="" /> <br />
            确认密码:<input type="password" name="" id="re_password" value="" /> <br />
            性别:
            <input type="radio" name="sex" id="sex_man" value="man" checked="checked" />男
            <input type="radio" name="sex" id="sex_woman" value="woman" />女<br />
            兴趣爱好:
            <input type="checkbox" name="interest" id="ins_football" value="football" />足球
            <input type="checkbox" name="interest" id="ins_volleyball" value="volleyball" />排球
            <input type="checkbox" name="interest" id="ins_ping-pong" value="ping-pong" />乒乓球<br />
            选择头像:
            <input type="file" name="file" id="file" value="" /><br />
            <input type="hidden" name="regist" id="" value="default" /><br />
            自我评价:<br />
            <textarea rows="10" cols="50" name="introduce">
            </textarea><br />
            <input type="reset" value="重置信息" />
            <input type="submit" id="submit" value="注册账号" />
            </form>
     </body>
</html>
```

运行结果如图3-11所示。

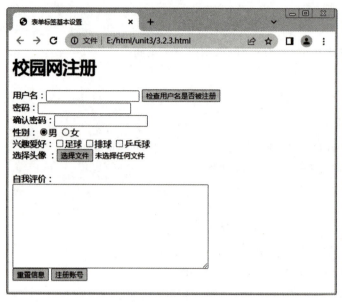

图 3-11　例 3.2.3.html 运行结果

单元实训

通过本单元的学习，读者学习了网站开发技术的基础 HTML 标签的基本结构和列表标签。本单元实训主要完成网页页面基本布局设计以及合理使用列表标签。具体实训开展任务安排见任务工单和任务评价。

任务工单

根据下表说明，完成实训任务。

任务编号：hcj3-1	实训任务：制作登录与注册页面	日期：
姓名：	班级：	学号：
一、任务描述 以网站开发中子网页设计为任务，采用案例演示、任务驱动等教学法，引导学生按网站开发流程、围绕网站总体框架完成 HTML 标签部分子网页设计任务，通过此过程学习网页设计中表格和表单标签理论知识，掌握表格和表单标签的灵活使用方法，提升网页设计能力。		
二、任务目标		
素质目标	1. 具有善于思考、深入研究的自主学习习惯。 2. 具有分析问题、总结经验的能力。	
知识目标	1. 表格标签。 2. 表单标签。	
能力目标	1. 能够利用表格标签设计页面框架。 2. 能够利用表单标签设计信息获取栏。	

续表

任务编号：hcj3-1	实训任务：制作登录与注册页面	日期：
姓名：	班级：	学号：

三、任务效果

使用本机安装好的软件环境设计网页。页面效果参考图如下。

今天是：2021年12月18日 星期六 注册 登录
网站首页 旅游景点 酒店预订 机票预订 旅游攻略 门票活动 联系我们

bbanner

密码登录
用户名：
密码：
图片按钮

忘记密码 忘记用户名 注册
短信登录
手机号：
获取验证码
验证码：
图片按钮

忘记密码 忘记用户名 注册
友情链接
声明

四、任务实施

1. 准备任务所需素材及开发工具（网上下载或自行设计）。
2. 根据任务效果完成页面设计（并保存文档）。
3. 进行任务考核。

五、任务考核

	评价内容	得分
自主学习 （10分）	是否通过平台课前提前预习（5分）	
	查阅资料，完成课前任务（5分）	
职业素养 （10分）	学习态度端正，操作认真（5分）	
	沟通和表达能力（5分）	
理论掌握情况 （20分）	回答问题全面，思路清晰（10分）	
	小组讨论积极发言（10分）	
实践操作能力 （60分）	页面设计（15分）	
	表格排版（25分）	
	表单排版（20分）	
教师评语		总评成绩

续表

任务编号：hcj3-1		实训任务：制作登录与注册页面		日期：		
姓名：		班级：		学号：		
指导教师： 日期：　　年　月　日							

任务评价

根据下表所列评分要求和准则，结合学习过程中的表现开展自我评价、小组互评、教师评价，对以上三项加权平均，计算出最后得分。

考核项	考核要求		评分准则	配分	自评	互评	师评
基本素养 (20分)	学习态度 (10分)	按时到课，不早退	缺勤全扣；迟到、早退，一次扣1分	2分			
		课堂专注学习	不做与课堂学习无关的事，违反一次扣2分	4分			
		积极思考、回答问题	根据上课统计情况得分	2分			
		学习用品准备	自己主动准备学习用品并齐全	2分			
	职业道德 (10分)	团队合作	主动合作4分，被动合作2分	4分			
		积极进取	主动思考、创新2分	2分			
		高标准、高质量意识	对工作精益求精4分；对工作认真2分；其余不得分	4分			
核心技术 (40分)	知识点 (20分)	1. 表格标签 2. 表单标签	根据在线课程测试情况得1~10分	10分			
			能运用思维导图绘制对应知识结构	10分			
	技能点 (20分)	1. 熟练掌握表格标签的使用 2. 熟练掌握表单标签的使用	课上快速、准确明确工作任务要求	10分			
			清晰、准确完成相关操作	10分			
任务完成情况 (40分)	按时保质保量完成工作任务 (40分)	按时提交	按时提交得10分；迟交得1~5分	10分			
		任务完成度	根据完成情况得1~10分	10分			
		任务准确度	根据准确程度得1~10分	10分			
		团队意识与创新	是否帮助团队成员及是否自主创新，视实际情况得1~10分	10分			
合计				100分			
总分【加权平均（自我评价20%，小组评价30%，教师评价50%）】						
小组组长签字				教师签字			

结合教师、同学的评价及自己在学习过程中的表现，总结自己在本工作领域的主要收获和不足，进行星级评定。

评价内容	主要收获和不足	星级评定
网站页面设计层面		☆☆☆☆☆
灵活使用技能层面		☆☆☆☆☆
综合素质层面		☆☆☆☆☆

课后习题

一、填空题

1. 表格的标签是_____，单元格的标签是_____。表格的宽度可以用百分比和_____两种单位来设置。

2. \<caption align=bottom>表格标题\</caption>的功能是_____。

3. 表格有3个基本组成部分：_____。

4. 利用\<table>\</table>标记符的_____属性可以控制表格边框的显示样式。

5. 如果有一个分为左、右两个框架的框架组，要想使左侧的框架宽度不变，应该用_____单位来定制其宽度。

6. 单元格垂直合并所用的属性是_____；单元格横向合并所用的属性是_____。

7. 表单对象的名称由 name 属性设定；提交方法由_____属性指定；若要提交大数据量的数据，则应采用_____方法；表单提交后的数据处理程序由_____属性指定。

8. 表格中用到的列组标记符是_____。将表格的行分组，用到的主要标记是_____。

9. 表单是 Web_____和 Web_____之间实现信息交流和传递的桥梁。

10. 在网页中设定表格边框的厚度的属性是_____；设定表格单元格之间宽度属性是_____；设定表格资料与单元格线的距离属性是_____。

二、选择题

1. 有关框架与表格的说法，正确的有（　　）。
   A. 框架对整个窗口进行划分　　　　B. 每个框架都有自己的独立网页文件
   C. 表格比框架更有用　　　　　　　D. 表格对页面区域进行划分

2. 在 HTML 中，表格跨列使用的属性是（　　）。
   A. rowspan　　　　B. colspan　　　　C. rows　　　　D. cols

3. 在表单标记中，用（　　）属性来提交填写的信息、调用表单处理程序。
   A. method　　　　B. name　　　　C. style　　　　D. action

4. 增加表单复选框的 HTML 代码是（　　）。
   A. <input type="submit">　　　　　B. <input type="password">
   C. <input type="radio">　　　　　 D. <input type="checkbox">

5. 在 HTML 中，表格的标题的标签是（　　）。
   A. table　　　　B. caption　　　　C. tr　　　　D. td

6. HTML 中，设置行高的属性是（　　）。
   A. line-height　　B. min-height　　C. max-height　　D. Height

7. 无序列表标签是（　　）。
   A. <li></li>　　B. <ul></ul>　　C. <ol></ol>　　D. <table></table>

8. 表单提交方式有（　　）。
   A. 1 种　　　　B. 2 种　　　　C. 3 种　　　　D. 4 种

9. 对于样式属性的浮动，左悬浮是（　　）。
   A. float="left"　　B. float：left　　C. float：right　　D. 以上都可以

10. （　　）标签是设定表单的起止位置。
    A. <form></form>　　　　　　　　B. <table></table>
    C. <td></td>　　　　　　　　　　D. <tr></tr>

三、判断题（正确画√；如错误，则画×，并更正）

1. 在 HTML 中，表格跨列使用的属性是 rows。　　　　　　　　　　　　　（　　）
2. 在 HTML 中，设置行高的属性是 max-height。　　　　　　　　　　　　（　　）
3. 设置内嵌框架的标签是<iframe></iframe>。　　　　　　　　　　　　　 （　　）

四、问答题

详述表单的 3 个基本组成部分。

单元 4

CSS 概述

CSS 样式表（Cascading Style Sheets，CSS），又称为层叠式样式表或级联样式表，是预先定义的一个格式的集合，包括字体、大小、颜色、对齐方式等。它的作用是定义如何显示 HTML 元素。它是一门独立的语言，由万维网联盟（W3C）制定，利用 CSS 样式可以使整个站点的风格保持一致，是网页设计中用途最广泛、功能最强大的元素之一。

4.1 CSS 基本语法

4.1.1 CSS 语法

CSS 语法由 3 个部分构成：选择器、属性和值。如下所示：

```
selector(选择器){
    property1(属性1):value(属性值);
property2(属性2):value(属性值);
…
}
```

选择器 selector 是某个 HTML 标签的名称或用户自定义的名称。属性 property 是用户期望控制的样式的某个方面，如字体、颜色、边框、背景等。属性需要有一个或多个值 value。属性和值可以有多对同时出现，多对之间用;(分号) 隔开，属性和值之间用:(冒号) 连接，它们集中放置在一对{}(大括号) 中，而选择器则说明这个样式在网页中的适用范围。这 3 个部分组合起来构成了一条样式规则声明 declaration。样式规则一般放在网页头部<head></head>内部的<style></style>标签中。

4.1.2 CSS 的设置方法

添加 CSS 有 4 种方法：内嵌样式、内部样式表、链接外部样式表、导入外部样式表。下面分别进行介绍。

1. 内嵌样式

内嵌样式是混合在 HTML 标记里使用的。使用这种方法，可以很简单地对某个元素单独定义样式，它主要是在 body 内实现。内嵌样式的使用是直接在 HTML 标记里添加 style 参数，而 style 参数的内容就是 CSS 的属性和值，在 style 参数后面的引号里的内容相当于在样式表大括号里的内容。

例4.1.2_1.html代码如下：

```
<!DOCTYPE html>
<html>
    <head>
        <title>内部样式</title>
        <meta charset="utf-8">
    </head>
    <body>
        <h1 style="text-align: center;font-size: 16px;">师生篮球赛奏响新生大学生活的前奏曲</h1>
        <p style="font-size: 12px">
        10月26日下午，院长率领我院教师篮球队在学校二号篮球场与新生篮球队进行了一场别开生面的师生篮球赛。
        </p>
        <p>
        本场篮球赛是学院老师与2021级新生的一次近距离的交流。<br>
        同学们热情参赛，充分展现大学生的<b>青春风采</b>，老师们也<b>奋勇拼搏</b>，发挥精彩；<br>
        赛场上球员们默契的配合、精准的投篮让本场比赛惊喜连连，也进一步展现出信息工程学院师生们健康运动的精神风貌。
        </p>
    </body>
</html>
```

这种方法使用比较简单，显示很直观，直接在标题H1标签内部增加属性style，设置标题对齐方式居中，字体大小为16像素，在第一个段落p标签中设置文字大小为12像素。但无法发挥样式表的优势，不能实现批量化工作，因此不推荐使用。

2. 内部样式表

内部样式表一般位于HTML文件的头部，即<head>与</head>标签内，并且以<style>开始，以</style>结束，这些定义的样式就可应用到页面中。下面的实例就是使用<style>标记创建的内部样式表。

例4.1.2_2.html代码如下：

```
<!DOCTYPE html>
<html>
    <head>
        <title>内部样式</title>
        <meta charset="utf-8">
        <style type="text/css">
            h1{
```

```
                text-align: center;
                font-size: 16px;
            }
            p{
                font-size: 12px;
            }
        </style>
    </head>
    <body>
        <h1>师生篮球赛奏响新生大学生活的前奏曲</h1>
        <p>
        10月26日下午,院长率领我院教师篮球队在学校二号篮球场与新生篮球队进行了一场别开生面的师生篮球赛。
        </p>
        <p>
        本场篮球赛是学院老师与2021级新生的一次近距离的交流。<br>
        同学们热情参赛,充分展现大学生的<b>青春风采</b>,老师们也<b>奋勇拼搏</b>,发挥精彩;<br>
        赛场上球员们默契的配合、精准的投篮让本场比赛惊喜连连,也进一步展现出信息工程学院师生们健康运动的精神风貌。
        </p>
    </body>
</html>
```

3. 链接外部样式表

链接外部样式表就是在网页中调用已经定义好的样式表来实现样式表的应用,它是一个单独的文件,在页面中用<link>标记链接到这个样式表文件。<link>标记必须放到页面的<head>标签内。这种方法最适合大型网站的CSS样式定义。

例4.1.2_3.html 代码如下:

```
<!DOCTYPE html>
<html>
    <head>
        <title>链接外部样式</title>
        <meta charset="utf-8">
        <link rel="stylesheet" type="text/css" href="style.css">
    </head>
    <body>
        <h1>师生篮球赛奏响新生大学生活的前奏曲</h1>
        <p>
```

```
            10月26日下午,院长率领我院教师篮球队在学校二号篮球场与新生篮球队进行了一场别
开生面的师生篮球赛。
            </p>
            <p>
            本场篮球赛是学院老师与2021级新生的一次近距离的交流。<br>
            同学们热情参赛,充分展现大学生的<b>青春风采</b>,老师们也<b>奋勇拼搏</b>,发挥精
彩;<br>
            赛场上球员们默契的配合、精准的投篮让本场比赛惊喜连连,也进一步展现出信息工程学
院师生们健康运动的精神风貌。
            </p>
        </body>
    </html>
```

例4.1.2_3的style.css代码如下:

```
h1{
    text-align: center;
    font-size: 16px;
}
p{
    font-size: 12px;
}
```

上面这个例子表示浏览器从style.css文件中以文档格式读出定义的样式表。rel=stylesheet是指在页面中使用外部的样式表,type=text/css是指文件的类型是样式表文件,href=style.css是文件所在的位置。

一个外部样式表文件可以应用于多个页面。当改变这个样式表文件时,所有页面的样式都随之改变。在制作大量相同样式页面的网站时,它非常有用,不仅减少了重复的工作量,而且有利于以后的修改、编辑,浏览时也避免了重复下载代码。

4. 导入外部样式表

导入外部样式表是指在内部样式表的<style>里导入一个外部样式表,导入时用@import。看下面这个实例。

例4.1.2_4.html代码如下:

```
<!DOCTYPE html>
<html>
    <head>
        <title>导入外部样式</title>
        <meta charset="utf-8">
        <link rel="stylesheet" type="text/css" href="style.css">
    </head>
    <body>
```

```
        <h1>师生篮球赛奏响新生大学生活的前奏曲</h1>
        <p>
    10 月 26 日下午,院长率领我院教师篮球队在学校二号篮球场与新生篮球队进行了一场别开生面的师生篮球赛。
        </p>
        <p>
    本场篮球赛是学院老师与 2021 级新生的一次近距离的交流。<br>
    同学们热情参赛,充分展现大学生的<b>青春风采</b>,老师们也<b>奋勇拼搏</b>,发挥精彩;<br>
    赛场上球员们默契的配合、精准的投篮让本场比赛惊喜连连,也进一步展现出信息工程学院师生们健康运动的精神风貌。
        </p>
    </body>
</html>
```

例 4.1.2_4 的 style.css 代码如下:

```
@import url(style1.css);
h1{
    text-align: center;
    font-size: 16px;
}
```

例 4.1.2_4 的 style1.css 代码如下:

```
p{
    font-size: 12px;
}
```

此例中,4.1.2_4.html 文件只引用了 style.css 一个文件,但在 style.css 中用@import 导入 style1.css 样式表。注意,使用时外部样式表的路径、方法与链接外部样式表的方法类似,但导入外部样式表输入方式更有优势。实质上,它相当于外部样式连接一个 CSS 文件,同时拥有两个 CSS 文件的效果。

运行结果如图 4-1 所示。

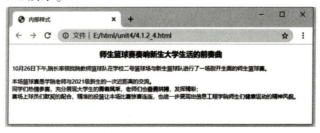

图 4-1　例 4.1.2_4.html 运行结果

上述代码中，分别用 4 种 CSS 设置的方法为文本做了相同的修饰。设定标题文本对齐方式为居中对齐，设置文字大小为 16 像素。第一段落文字大小为 12 像素。

4.2 CSS 选择器种类

CSS 一条样式规则声明中包含选择器，它的作用是说明这条样式规则在网页中的适用范围，或者说网页中的哪个地方或哪些地方将要用到它。在代码示例 4.2.1 中，body 和 p 就是这两条样式规则声明中的选择器，这样就决定了第一条规则对网页中的<body></body>即网页正文有效，而第二条规则对网页中的所有<p></p>标签即段落都有效。选择器的名称是一个合法的 HTML 标签的名称，这样浏览器在解析这条样式规则时，就已经知道它是针对页面中这种标签的。使用 HTML 标签名称作为选择器，只是选择器的一种情形，下面将全面介绍 CSS 支持的各种选择器。

4.2.1 标签选择器

使用某种 HTML 标签的名称作为选择器，当浏览器解析这种标签时，即采用这条样式规则。这样做的目的是覆盖浏览器内部对这种标签显示方式预先定义的规则。

例 4.2.1.html 代码如下：

```
<html>
    <head>
        <title>标签选择器</title>
        <style type="text/css">
            body{
                background-color: skyblue;
            }
            h1{
                text-align: center;
                color: red;
            }
            p{
                text-indent: 2em;
                font-size: 16px;
                font-weight: 900;
                font-family: 楷体;
            }
        </style>
    </head>
    <body>
        <h1>师生篮球赛奏响新生大学生活的前奏曲</h1>
```

```
            <hr>
            <p>
            10月26日下午，院长率领我院教师篮球队在学校二号篮球场与新生篮球队进行了一场别开生面的师生篮球赛。
            </p>
            <p>
            本场篮球赛是学院老师与2021级新生的一次近距离的交流。<br>
            同学们热情参赛，充分展现大学生的<b>青春风采</b>，老师们也<b>奋勇拼搏</b>，发挥精彩；<br>
            赛场上球员们默契的配合、精准的投篮让本场比赛惊喜连连，也进一步展现出信息工程学院师生们健康运动的精神风貌。
            </p>
        </body>
    </html>
```

运行结果如图 4-2 所示。

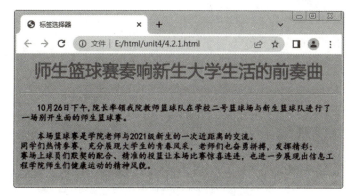

图 4-2　例 4.2.1.html 运行结果

样式表中的 3 条规则用了 body、h1、p 3 个选择器依次声明了<body></body>、<h1></h1>、<p><p/>3 种标签在浏览器中应使用何种显示方式。此例中用到的 CSS 属性：text-align 用于设置文本的水平对齐方式；font-size 用于设置文字的大小；color 属性用于设置文本颜色；text-indent 属性用于设置文本缩进。

4.2.2　类选择器

样式表中要求页面同一种标签完全以相同的外观显示并不可行，比如<a>标签，它作为超级链接使用时，需要一种外观，而当它作为按钮使用时，则需要另一种外观。这种情况下，应使用类选择器，将多个应共享同一种外观的标签归为一类。例如，把 h1 标题和 p 段落标签对齐方式都设置为居中对齐。

例 4.2.2.html 代码如下：

```html
<html>
    <head>
        <meta charset="utf-8">
        <title>类选择器</title>
        <style type="text/css">
            body{
                background-color: skyblue;
            }

            .center{
                text-align: center;
            }
        </style>
    </head>
    <body>
        <h1 class="center">标题居中</h1>
        <p class="center">段落居中。</p>
        <p class="center">段落居中。</p>
        <p class="center">段落居中。</p>

    </body>
</html>
```

运行结果如图 4-3 所示。

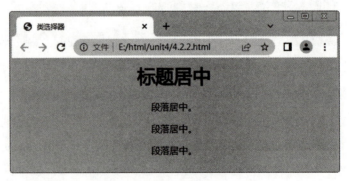

图 4-3　例 4.2.2.html 运行结果

定义类选择器时，要以 .（点号）作为前缀，类名可自己定义，但必须符合命名标识符的规范，不能以数字开头。类选择器定义好之后，并不会自动生效，这一点和 HTML 选择器不同。在需要使用这个类选择器定义的样式的标签中，设置 class 属性，赋值为类的名称，浏览器在显示这个标签时，将套用这个类选择器定义的样式。

4.2.3　ID 选择器

样式表中，有时需要为页面中特定的某个标签定制外观，这种情况下应使用 ID 选择器。
例 4.2.3.html 代码如下：

```
<html>
    <head>
        <meta charset="utf-8">
        <title>ID 选择器</title>
        <style type="text/css">
            body{
                background-color: skyblue;
            }

            #para1
            {
             text-align:center;
             color:red;
            }
        </style>
    </head>
    <body>
        <p id="para1">Hello World!  </p>
        <p>这个段落不受该样式的影响。</p>

    </body>
</html>
```

运行结果如图 4-4 所示。

图 4-4　例 4.2.3.html 运行结果

定义 ID 选择器时，要以#号作为前缀。ID 名可自己定义，但必须符合命名标识符的规范，不能以数字开头。ID 选择器定义好之后，并不会自动生效，跟类选择器相似，需要在要使用此样式的标签中设置 ID 属性来显式地使用这个 ID 选择器。此示例的样式表中定义了两个 ID 选择器的样式规则。其中，名为 mya 的 ID 选择器被<a></a>标签使用，名为 myp 的

ID 选择器被<td></td>标签使用。ID 选择器样式规则在一个页面中应只被使用一次,即只能在一处标签使用此样式规则。CSS 样式规则声明代码中,width 属性用于设置块级元素(可简单理解为矩形区域)的宽度;border-width、border-style、border-color 分别设置边框的粗细、线型、颜色。

4.2.4 伪类选择器

伪类选择器用于向其他选择器指定适用范围内的特定元素或特定状态制订样式。用得比较多的场景是使用锚伪类为页面中的超链接在不同状态下制订不同的外观。

例 4.2.4.html 代码如下:

```html
<html>
    <head>
        <meta charset="utf-8">
        <title>伪类选择器</title>
        <style type="text/css">
            body{
                background-color: skyblue;
            }

            a:link {color:#000000;}           /* 未访问链接*/
            a:visited {color:#00FF00;}        /* 已访问链接 */
            a:hover {color:#FF00FF;}          /* 鼠标移动到链接上 */
            a:active {color:#0000FF;}         /* 鼠标单击时 */
        </style>
    </head>
    <body>
        <h1>伪类选择器</h1>
        <hr>
        <p><b><a href="#">这是一个链接</a></b></p>
        <p><b>注意:</b> a:hover 必须在 a:link 和 a:visited 之后,需要严格按顺序才能看到效果。</p>
        <p><b>注意:</b> a:active 必须在 a:hover 之后。</p>

    </body>
</html>
```

运行结果如图 4-5 所示。

CSS 的 a:link、a:visited、a:hover、a:active 4 个样式规则声明所使用的选择器是锚伪类。它们分别描述了页面上的所有链接在普通状态、已被访问状态、鼠标悬停状态、激活状态下 4 种不同的样式。这 4 个锚伪类应按上述顺序依次编写。

在 CSS 样式规则代码中,color 属性设置文字颜色。CSS 伪类除了之前所述的 4 种锚伪类

图 4-5　例 4.2.4.html 运行结果

之外，还有 :focus 伪类、:first-child 伪类、:lang（语言）伪类等，但因浏览器支持不够完善，应用较少。

4.2.5　伪元素选择器

伪元素用于向其他选择器指定适用范围内的元素特定部分制订样式。一般应用于文本块的首行或文本块的首字字符。

例 4.2.5.html 代码如下：

```
<html>
    <head>
        <meta charset="utf-8">
        <title>伪元素选择器</title>
        <style type="text/css">
            body{
              background-color: skyblue;
            }
            h1{
              text-align: center;
              color: red;
            }
            p{
              text-indent: 2em;
              font-size: 16px;
              font-weight: 900;
              font-family: 楷体;
            }
            p:first-line{
              color: red;
            }
```

```
            h1:first-letter{
                border:1px solid red;
            }
        </style>
    </head>
    <body>
        <h1>伪类选择器</h1>
        <hr>
        <p>这里是段落第一行<br>
        这里是段落第二行


        </p>


    </body>
</html>
```

运行结果如图 4-6 所示。

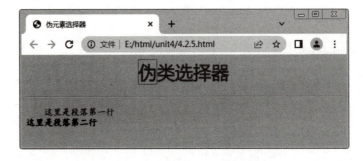

图 4-6　例 4.2.5.html 运行结果

样式表中有两条伪元素选择器的样式规则声明，其中，p:first-line 伪元素设置了页面中所有段落的第一行样式；h1:first-letter 伪元素设置了页面中所有一级标题的第一个字符的样式。CSS 样式规则声明代码中，color 文本颜色 border 设置了元素的边框为红色。

4.2.6　上下文选择器

样式表的上下文选择器又称为派生选择器，用于根据上下文关系来确定某个标签是否使用上下文选择器的样式规则。

样式表中有两条上下文选择器的样式规则：第一条样式规则的选择器中包含两个标签，即 div 和 p，这两个标签的层级关系形成了上下文，只有被包含在有序列表中的列表项目才会使用这条样式规则；第二条样式规则则只适用于被包含在无序列表中的列表项目。

单元 4　CSS 概述

例 4.2.6.html 代码如下：

```html
<html>
    <head>
        <meta charset="utf-8">
        <title>上下文选择器</title>
        <style type="text/css">
            body{
              background-color: skyblue;
            }
            h1{
                text-align: center;
                color: red;
            }
            div p
            {
                background-color:yellow;
            }

        </style>
    </head>
    <body>
        <h1>上下文选择器</h1>
        <hr>
        <div>
        <p>段落 1。在 div 中。</p>
        <p>段落 2。在 div 中。</p>
        </div>

        <p>段落 3。不在 div 中。</p>
        <p>段落 4。不在 div 中。</p>

    </body>
</html>
```

运行结果如图 4-7 所示。

CSS 样式规则声明代码中，同样是 p 元素，前面两个 p 元素设置背景为黄色，而后面的无任何设置。除了父子标签可形成上下文关系之外，类选择器与标签以及 ID 选择器与标签也可形成上下文关系。

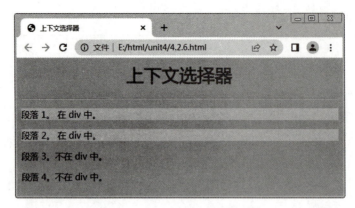

图 4-7 例 4.2.6.html 运行结果

4.2.7 群组联合选择器

有时，多个样式规则的定义相同，但选择器名称不同。可以将这些样式规则合并成一个样式规则，选择器名称之间使用逗号分隔。

例 4.2.7.html 代码如下：

```
<html>
    <head>
        <meta charset="utf-8">
        <title>群组联合选择器</title>
        <style type="text/css">
            body{
                background-color: skyblue;
            }
            h1{
                text-align: center;
                color: red;
            }
            div,p,a,b
            {
                background-color:yellow;
            }

        </style>
    </head>
    <body>
        <h1>群组联合选择器</h1>
        <hr>
        <div>这里是 DIV 标签</div>
```

```
            <p>这里是 P 标签</p>
            <a href="#">这里是 A 标签</a>
            <b>这里是 B 标签</b>

        </body>
    </html>
```

运行结果如图 4-8 所示。

图 4-8 例 4.2.7.html 运行结果

代码中的第一条样式规则就是群组联合选择器。<div></div>、<a></a>、<p></p>这 3 种级别的标题标签共享相同的样式定义。CSS 样式规则声明代码中，background-color：yellow；属性用于设置元素背景颜色为黄色。

单元实训

通过本单元的学习，读者可以了解如何调用 CSS，以及 CSS 基本语法和 CSS 选择器的合理运用。具体实训开展任务安排见任务工单和任务评价。

任务工单

根据下表说明，完成实训任务。

任务编号：hcj4-1	实训任务：调用 CSS 合理使用选择器	日期：
姓名：	班级：	学号：

一、任务描述

在网页开发制作过程中，通常为了弥补 HTML 标签的不足和使操作网页简便、快捷，会选择使用 HTML+CSS 来制作一个完整的网站，只有这样，才能用一个 CSS 文件控制整个网站中的所有网页风格。CSS 一条样式规则声明中包含选择器，它的作用是说明这条样式规则在网页中的适用范围，或者说网页中的哪个地方或哪些地方将要用到它。合理地使用选择器能使工作简便、快捷。

续表

任务编号：hcj4-1	实训任务：调用 CSS 合理使用选择器	日期：
姓名：	班级：	学号：

二、任务目标

素质目标	1. 具有产权保护意识。 2. 具有较强的团队合作意识。 3. 具有善于思考、深入研究的自主学习习惯。 4. 具有分析问题、总结经验的能力。
知识目标	1. 学会 CSS 的基本语法和 4 种调用办法。 2. CSS 选择器的学习和使用。
能力目标	1. 能够写简单的 CSS 词句。 2. 能够使用 CSS 的 4 种调用办法。 3. 能够编写选择器的各类。 4. 能够在不同情况下合理使用选择器。

三、任务效果

使用 CSS 与 HTML 分离技术在 CSS 中简单写上对文本的 CSS 语句，然后调用，得到以下效果图。

四、任务实施

1. 根据所需内容在 HTML 中分别输入列表、表单（单行文本）和超级链接（登录）。
2. 使用 CSS 的 3 种调用方法：用行内样式控制 1 个超级链接，用内部样式列表，用外部样式控制背景。
3. 注释第 2 步中的内部样式和行内样式，全部改用外部样式，用选择器控制。
4. 用标签选择器控制列表，用 ID 选择器控制表单，用类选择器控制超链接。
5. 进行考核。

五、任务考核

	评价内容	得分
自主学习 （10 分）	是否通过平台课前提前预习（5 分）	
	查阅资料，完成课前任务（5 分）	
职业素养 （15 分）	团队协作精神，完成工作量多少（5 分）	
	学习态度端正，操作认真（5 分）	
	沟通和表达能力（5 分）	
理论掌握情况 （20 分）	回答问题全面，思路清晰（10 分）	
	小组讨论积极发言（10 分）	
实践操作能力 （55 分）	CSS 词法（15 分）	
	CSS 的 4 种调用方法（25 分）	
	主要的 3 种选择器使用（10 分）	
	选择器的使用合理性（5 分）	
教师评语		总评成绩

单元4 CSS概述

续表

任务编号：hcj4-1	实训任务：调用CSS合理使用选择器	日期：
姓名：	班级：	学号：
指导教师： 日期：　年　月　日		

任务评价

根据下表所列评分要求和准则，结合学习过程中的表现开展自我评价、小组互评、教师评价，对以上三项加权平均，计算出最后得分。

考核项	考核要求		评分准则	配分	自评	互评	师评
基本素养 （20分）	学习态度 （10分）	按时到课，不早退	缺勤全扣；迟到、早退，一次扣1分	2分			
		课堂专注学习	不做与课堂学习无关的事，违反一次扣2分	4分			
		积极思考、回答问题	根据上课统计情况得分	2分			
		学习用品准备	自己主动准备学习用品并齐全	2分			
	职业道德 （10分）	团队合作	主动合作4分，被动合作2分	4分			
		积极进取	主动思考、创新2分	2分			
		高标准、高质量意识	对工作精益求精，4分； 对工作认真，2分；其余不得分	4分			
核心技术 （40分）	知识点 （20分）	1. 学会CSS的基本语法和4种调用办法 2. CSS选择器的学习和使用	根据在线课程测试情况得1~10分	10分			
			能运用思维导图绘制对应知识结构	10分			
	技能点 （20分）	1. 能够写简单的CSS词句 2. 能够使用CSS的4种调用办法 3. 能够编写各类选择器 4. 能够在不同情况下合理使用选择器	课上快速、准确明确工作任务要求	10分			
			清晰、准确完成相关操作	10分			

续表

考核项	考核要求		评分准则	配分	自评	互评	师评
任务完成情况（40分）	按时保质保量完成工作任务（40分）	按时提交	按时提交得10分；迟交得1~5分	10分			
		任务完成度	根据完成情况得1~10分	10分			
		任务准确度	根据准确程度得1~10分	10分			
		团队意识与创新	是否帮助团队成员及是否自主创新，视实际情况得1~10分	10分			
合计				100分			
总分【加权平均（自我评价20%，小组评价30%，教师评价50%）】							
小组组长签字			教师签字				

结合教师、同学的评价及自己在学习过程中的表现，总结自己在本工作领域的主要收获和不足，进行星级评定。

评价内容	主要收获和不足	星级评定
网站开发知识层面		☆☆☆☆☆
网页设计技能层面		☆☆☆☆☆
综合素质层面		☆☆☆☆☆

课后习题

一、填空题

1. _____ 称为层叠式样式表或级联样式表，是预先定义的一个格式的集合，包括字体、大小、颜色、对齐方式等。

2. 添加CSS有4种方法：_____。

3. 内部样式表一般位于HTML文件的头部，即<head>与</head>标签内，并且以 _____ 开始，以 _____ 结束，这些定义的样式就可应用到页面中。

4. CSS样式规则声明代码中，_____ 用于设置文本的水平对齐方式。

5. 有时多个样式规则的定义相同，但选择器名称不同。可以将这些样式规则合并成一个样式规则，选择器名称之间使用 _____ 分隔。

6. CSS 样式遵循就近原则，_____用于向其他选择器指定适用范围内的元素特定部分制订样式。一般应用于文本块的首行或文本块的首字字符。

二、选择题

1. 链接外部样式表就是在网页中调用已经定义好的样式表来实现样式表的应用，它是一个单独的文件，在页面中用（　　）标记链接到这个样式表文件。

  A．<body>   B．</html>   C．<link>   D．</p>

2. 用到的 CSS 属性中，（　　）用于设置文字的大小。

  A．text-align B．font-size   C．color   D．text-indent

3. 在 CSS 中，（　　）属性用于设置文本颜色。

  A．text-align B．font-size   C．color   D．text-indent

4. 样式表的上下文选择器又称为（　　），用于根据上下文关系来确定某个标签是否使用上下文选择器的样式规则。

  A．派生选择器 B．WWW 选择器 C．别克选择器 D．AB 选择器

5. 用到的 CSS 属性中，（　　）属性用于设置文本缩进。

  A．text-align B．font-size   C．color   D．text-indent

6. CSS 样式规则声明中，（　　）属性用于设置块级元素矩形区域的宽度。

  A．width   B．border-style C．border-color D．text-align

7. 定义类选择器时，要以（　　）作为前缀。

  A．，（逗号） B．？（问号） C．．（点号）   D．！（感叹号）

三、问答题

谈一谈 CSS 样式表及 CSS 基本语法是什么。

单元 5

CSS 样式

灵活使用 CSS 属性可以使 Web 开发人员的工作变得轻松，创造出新颖美丽的网站。在本单元中，将介绍 CSS 常用属性。掌握这些 CSS 属性，可以了解如何使用及加载它们。

5.1 背景

在网页设计中使用与背景相关的 CSS 属性，可以设置一个区域的背景颜色、背景图像。与背景相关的 CSS 属性见表 5-1。

表 5-1 与背景相关的 CSS 属性

属性	意义	取值
background-color	设置元素的背景颜色	RGB 颜色、RGBA 颜色及透明 十六进制颜色 颜色的英文单词
background-image	把图片设置成背景	url（图片的地址）
background-repeat	背景图片是否平铺及平铺方向	repeat-x 横向沿 x 轴平铺 repeat-y 纵向沿 y 轴平铺 no-repeat 不平铺 repeat（默认值）
background-attachment	背景图片是否固定或随页面流动	scroll 背景图片随着容器一起流动（默认值） fixed 背景图片固定在窗口位置不动
background-position	定位背景图片	两个值，分别为 x 轴水平方向值与 y 轴垂直方向值，单位可以是像素及 left、center、right 的水平取值和 top、center、bottom 的垂直取值
background	背景设置的连写模式	依次提供 Color、Image、Repeat、Attachment、Position 属性值之间用空格分隔

例 5.1.1.html 代码如下：

```
<html>
    <head>
        <meta charset="utf-8">
```

```
        <title>背景颜色</title>
        <style type="text/css">
            body{
                background-color: skyblue;
            }
            h1{
                text- align: center;
                color: red;
            }

        </style>
    </head>
    <body>
        <h1>背景设置</h1>
        <hr>

    </body>
</html>
```

运行结果如图 5-1 所示。

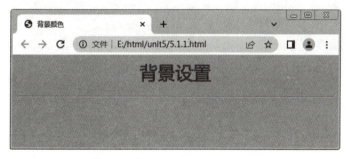

图 5-1 例 5.1.1. html 运行结果

例 5.1.2. html 代码如下：

```
<html>
    <head>
        <meta charset="utf-8">
        <title>背景图片</title>
        <style type="text/css">
            body{
                background-image: url(tp. jpg);
            }
            h1{
```

```
            text-align: center;
            color: red;
        }
    </style>
</head>
<body>
    <h1>背景设置</h1>
    <hr>

</body>
</html>
```

运行结果如图 5-2 所示。

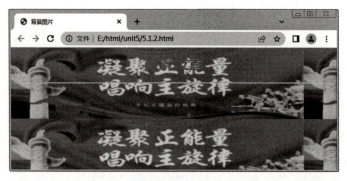

图 5-2　例 5.1.2.html 运行结果

例 5.1.3.html 代码如下：

```
<html>
    <head>
        <meta charset="utf-8">
        <title>背景平铺方式</title>
        <style type="text/css">
            body{
                background-color: skyblue;
                background-image: url(tp.jpg);
                background-repeat: no-repeat;
            }
            h1{
                text-align: center;
                color: red;
            }
```

```
                p{
                    text-indent: 2em;
                    font-size: 16px;
                    font-weight: 900;
                    font-family: 楷体;
                }
            </style>
        </head>
        <body>
            <h1>背景设置</h1>
            <hr>
        </body>
    </html>
```

运行结果如图5-3所示。

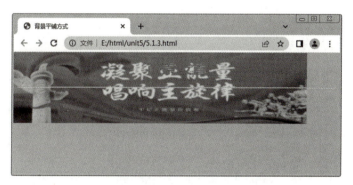

图5-3 例5.1.3.html运行结果

例5.1.4.html代码如下：

```
<html>
    <head>
        <meta charset="utf-8">
        <title>背景固定方式</title>
        <style type="text/css">
            body{
                background-color: skyblue;
                background-image: url(tp.jpg);
                background-repeat: no-repeat;
                background-attachment: fixed;
            }
            h1{
                text-align: center;
```

```
                color: red;
            }
            p{
                text-indent: 2em;
                font-size: 16px;
                font-weight: 900;
                font-family: 楷体;
            }
        </style>
    </head>
    <body>
        <h1>背景设置</h1>
        <hr>
    </body>
</html>
```

运行结果如图 5-4 所示。

图 5-4　例 5.1.4.html 运行结果

例 5.1.5.html 代码如下:

```
<html>
    <head>
        <meta charset="utf-8">
        <title>背景定位</title>
        <style type="text/css">
            body{
                background-color: skyblue;
                background-image: url(tp.jpg);
                background-repeat: no-repeat;
                background-attachment: fixed;
```

```
                background-position: 100px 400px;
            }
            h1{
                text-align: center;
                color: red;
            }

        </style>
    </head>
    <body>
        <h1>背景设置</h1>
        <hr>

    </body>
</html>
```

运行结果如图 5-5 所示。

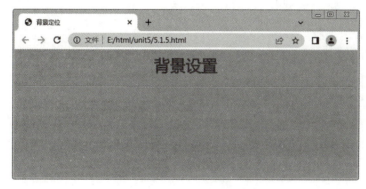

图 5-5 例 5.1.5.html 运行结果

例 5.1.6.html 代码如下：

```
<html>
    <head>
        <meta charset="utf-8">
        <title>背景简写模式</title>
        <style type="text/css">
            body{
                background: skyblue url(tp.jpg) no-repeat 100px 200px;
            }
```

```
                h1{
                    text-align: center;
                    color: red;
                }

            </style>
        </head>
        <body>
            <h1>背景设置</h1>
            <hr>

        </body>
    </html>
```

运行结果如图 5-6 所示。

图 5-6　例 5.1.6.html 运行结果

　　网页元素的背景显示时，背景图片优先于背景颜色。background-color 属性设置为 transparent 表示透明。一般应为 background-position 属性赋两个值，第一个值表示垂直方向，第二个值表示水平方向。如 top left 表示顶部左侧，center right 表示中部右侧，bottom center 表示底部中间。如果仅设置一个方向的位置关键字，则它表示垂直方向，而缺少的第二个水平方向默认为 center。

　　此外，可使用两个像素值描述背景图像与容器左边界及顶边界的距离，如：50 px 100 px；，也可使用百分数描述背景图像与容器左边界及顶边界的距离。此例中，网页的背景图像只在网页的底部显示，这是因为设置了从网页正文的左下角开始放置背景图像，而且只在水平方向上从左往右平铺。当网页内容超过一屏时，向下拖动滚动条，网页的背景图像不会随着网页内容一起滚动，而是固定不动，这是因为设置了背景图像固定吸附。

单元 5　CSS 样式

　　浏览器在解析到每个<img/>标签时，都需要向服务器发送请求，加载此图片。当网页中零星的小图片众多时，网页的性能将会受到影响。可使用称为 css sprites（图片整合）的技术来优化性能。原理是将同一个网页中使用的大量小图片整合为一张较大的图片，当页面中的某处需要显示其中某张小图片时，使用 CSS 中的 background-image、background-position、background-repeat 等属性，对作为背景的大图片进行定位，配合背景区域的 width、height 属性限定背景的大小，从而显示需要的小图片区域。

5.2　字体

　　使用与字体相关的 CSS 属性，可以设置文字块的字体或字体组、字号大小、行间距以及加粗、倾斜、小型大写字体等特殊格式。与字体相关的 CSS 属性见表 5-2。

表 5-2　与字体相关的 CSS 属性

属性	意义	取值
font-style	设置字体样式	normal 正常（默认值） italic 斜体 oblique 倾斜
font-variant	小写字母转换成大写字母	normal 正常（默认值） small-caps 小写/大写
font-weight	设置字体粗细	normal bold bolder lighter
font-size	设置字体尺寸	px pt em
font-family	字体类型名称或者字体组	可用单个值，也可用多个值，值之间用逗号分隔
font	字体连写	依次设置： style variant weight size family
line-height	设置文本的行高	可使用 px 或 pt

例 5.2.1. html 代码如下：

```
<html>
    <head>
        <meta charset="utf-8">
        <title>设置字体样式</title>
```

```
            <style type="text/css">
                body{
                    background: skyblue;
                }
                h1{
                    text-align: center;
                    color: red;
                }
                p. normal {font-style:normal;}
                p. italic {font-style:italic;}
                p. oblique {font-style:oblique;}
            </style>
        </head>
        <body>
            <h1>字体设置</h1>
            <hr>
            <p class="normal">这是一个段落,正常。</p>
            <p class="italic">这是一个段落,斜体。</p>
            <p class="oblique">这是一个段落,斜体。</p>
        </body>
    </html>
```

运行结果如图 5-7 所示。

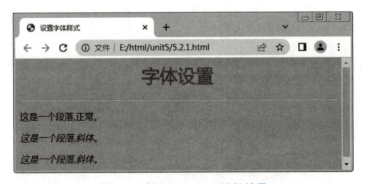

图 5-7　例 5.2.1.html 运行结果

例 5.2.2.html 代码如下：

```
<html>
    <head>
        <meta charset="utf-8">
        <title>小写字母转换成大写字母</title>
        <style type="text/css">
```

```
        body{
            background: skyblue;
        }
        p{
            font-weight: normal;
        }
        </style>
    </head>
    <body>

        <p>AAAAAAAAAAAAAAAAAAAaaaaaaaaaaaaaaaaaaaaaaaaaaaBBBBBBBBBBBBBBBBBbbbbbbbbbbbbbbbbbb</p>


    </body>
</html>
```

例5.2.3. html代码如下：

```
<html>
    <head>
        <meta charset="utf-8">
        <title>字体粗细设置</title>
        <style type="text/css">
            body{
                background: skyblue;
            }
            .p1{
                font-weight: normal;
            }
            .p2{
                font-weight: bold;
            }
            .p3{
                font-weight: bolder;
            }
            .p4{
                font-weight: lighter;
            }
        </style>
    </head>
```

```
    <body>
        <p class="p1">Font-weight---normal</p>
        <p class="p2">Font-weight---bold</p>
        <p class="p3">Font-weight---bolder</p>
        <p class="p4">Font-weight---lighter</p>

    </body>
</html>
```

运行结果如图 5-8 所示。

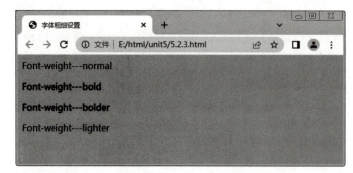

图 5-8　例 5.2.3.html 运行结果

例 5.2.4.html 代码如下：

```
<html>
    <head>
        <meta charset="utf-8">
        <title>字体大小设置</title>
        <style type="text/css">
            body{background-color: skyblue;}
            .p1{
                font-size: 10px;
            }
            .p2{
                font-size: 20px;
            }
            .p3{
                font-size: 30px;
            }
            .p4{
                font-size: 40px;
            }
            .p5{
```

```
                font-size: 10pt;;
            }
            .p6{
                font-size: 20pt;
            }
            .p7{
                font-size: 30pt;
            }
            .p8{
                font-size: 40pt;
            }
            .p9{
                font-size: 1em;;
            }
            .p10{
                font-size: 2em;
            }
            .p11{
                font-size: 3em;
            }
            .p12{
                font-size: 4em;
            }
        </style>
    </head>
    <body>
        <p class="p1">Font-size---10px</p>
        <p class="p2">Font-size---20px</p>
        <p class="p3">Font-size---30px</p>
        <p class="p4">Font-size---40px</p>
        <p class="p5">Font-size---10pt</p>
        <p class="p6">Font-size---20pt</p>
        <p class="p7">Font-size---30pt</p>
        <p class="p8">Font-size---40pt</p>
        <p class="p9">Font-size---1em</p>
        <p class="p10">Font-size---2em</p>
        <p class="p11">Font-size---3em</p>
        <p class="p12">Font-size---4em</p>
    </body>
</html>
```

运行结果如图 5-9 所示。

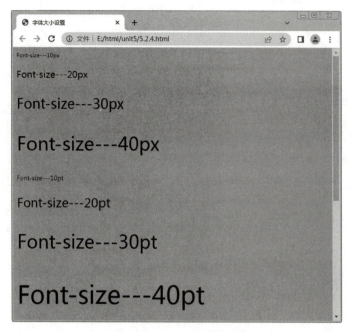

图 5-9　例 5.2.4.html 运行结果

例 5.2.5.html 代码如下：

```
<html>
    <head>
        <meta charset="utf-8">
        <title>字体样式</title>
        <style type="text/css">
            body{background-color: skyblue;}
            p{
                font-size:40px;
            }
            .p1{
                font-family:黑体;
            }
            .p2{
                Font-family:宋体;
            }
            .p3{
                Font-family:楷体;
            }
            .p4{
                Font-family:黑体,宋体,楷体;
```

```
            }
            .p5{
                Font-family:方正楷体,微软雅黑,黑体;
            }

        </style>
    </head>
    <body>
        <p class="p1">Font-family:黑体;</p>
        <p class="p2">Font-family:宋体;</p>
        <p class="p3">Font-family:楷体;</p>
        <p class="p4">Font-family:黑体,宋体,楷体;</p>
        <p class="p5">Font-family:方正楷体,微软雅黑,黑体;</p>

    </body>
</html>
```

运行结果如图 5-10 所示。

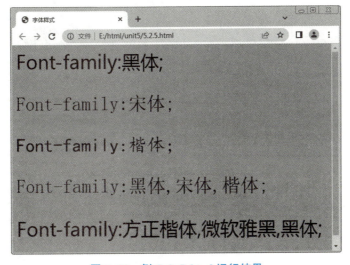

图 5-10　例 5.2.5.html 运行结果

例 5.2.6.html 代码如下：

```
<html>
    <head>
        <meta charset="utf-8">
        <title>字体简写模式</title>
        <style type="text/css">
            body{
```

```
            background-color: skyblue;
        }
        h1{
            margin: 100px;                    /*(设置外边距)*/
            font:italic small-caps bolder 80px 黑体;
        }
    </style>
</head>
<body>
    <h1>字体设置</h1>
</body>
</html>
```

运行结果如图 5-11 所示。

图 5-11 例 5.2.6.html 运行结果

例 5.2.7.html 代码如下：

```
<html>
    <head>
        <meta charset="utf-8">
        <title>行高设置</title>
        <style type="text/css">
            body{
                background-color: skyblue;
            }
            h1{
                margin: 100px;                 /*(设置外边距)*/
                border:1px solid red;          /*(设置边框)*/
```

```
                height: 100px;              /*(设置高度)*/
                font:italic small-caps bolder 80px 黑体;
            }
            h2{
                margin: 100px;              /*(设置外边距)*/
                border: 1px solid red;      /*(设置边框)*/
                height: 100px;              /*(设置高度)*/
                font:italic small-caps bolder 80px 黑体;
                line-height: 300px;
            }
            
        </style>
    </head>
    <body>
        <h1>字体设置</h1>
        <h2>字体设置</h2>
    </body>
</html>
```

运行结果如图 5-12 所示。

图 5-12　例 5.2.7.html 运行结果

5.3　文本

使用与文本相关的 CSS 属性，可以设置文本块的文字颜色、字间距、字符间距、水平对齐方式、文字装饰、缩进、大小写转换等。

与文本相关的 CSS 属性见表 5-3。

表 5-3 与文本相关的 CSS 属性

属性	意义	取值
color	设置文本颜色	RGB 颜色、RGBA 颜色及透明 十六进制颜色 颜色的英文单词
letter-spacing	设置字符间距	间距值单位用像素 px
text-align	文本对齐方式	left 居左对齐 center 居中对齐 right 居右对齐
text-decoration	文本修饰线	none 无修饰 underline 下划线 overline 删除线 line-through 上划线
text-indent	首行文本缩进	可用像素 px 或 em
text-transform	字母大小写转换	capitalize uppercase lowercase
word-spacing	设置字间距	像素 px

例 5.3.1.html 代码如下：

```
<html>
    <head>
        <meta charset="utf-8">
        <title>字体颜色</title>
        <style type="text/css">
            body{
                background-color: skyblue;
            }
            h1{
                margin: 100px;              /*(设置外边距)*/
                font:italic small-caps bolder 80px 黑体;
                color: red;
            }
        </style>
    </head>
    <body>
```

```
        <h1>文本设置</h1>
    </body>
</html>
```

运行结果如图 5-13 所示。

图 5-13　例 5.3.1.html 运行结果

例 5.3.2.html 代码如下：

```
<html>
    <head>
        <meta charset="utf-8">
        <title>字符间距</title>
        <style type="text/css">
            body{
                background-color: skyblue;
            }
            h1{
                margin: 100px;          /*(设置外边距)*/
                font:italic small-caps bolder 80px 黑体;
                color: red;
                letter-spacing: 30px;
            }
        </style>
    </head>
    <body>
        <h1>文本设置</h1>
    </body>
</html>
```

运行结果如图 5-14 所示。

图 5-14　例 5.3.2.html 运行结果

例 5.3.3.html 代码如下：

```
<html>
    <head>
        <meta charset="utf-8">
        <title>对齐方式</title>
        <style type="text/css">
            body{
                background-color: skyblue;
            }
            h1{
                margin: 100px;           /*(设置外边距)*/
                border:1px solid red;
                font:italic small-caps bolder 80px 黑体;
                color: red;
                letter-spacing: 30px;
                text-align: left;
            }
            h2{
                margin: 100px;           /*(设置外边距)*/
                border:1px solid red;
                font:italic small-caps bolder 80px 黑体;
                color: red;
                letter-spacing: 30px;
                text-align: center;
            }
            h3{
                margin: 100px;           /*(设置外边距)*/
```

```
                border:1px solid red;
                font:italic small-caps bolder 80px 黑体;
                color: red;
                letter-spacing: 30px;
                text-align: right;
            }
        </style>
    </head>
    <body>
        <h1>文本设置-LEFT</h1>
        <h2>文本设置-CENTER</h2>
        <h3>文本设置-RIGHT</h3>
    </body>
</html>
```

运行结果如图 5-15 所示。

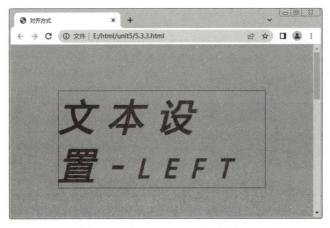

图 5-15　例 5.3.3.html 运行结果

例 5.3.4.html 代码如下：

```
<html>
    <head>
        <meta charset="utf-8">
        <title>文本修饰</title>
        <style type="text/css">
            body{
                background-color: skyblue;
            }
            h1{
```

```
            margin: 100px;              /*(设置外边距)*/
            font:bolder 80px 黑体;
            color: red;
            text-decoration: underline;
        }
        h2{
            margin: 100px;              /*(设置外边距)*/
            font: bolder 80px 黑体;
            color: red;
            text-decoration: overline;
        }
        h3{
            margin: 100px;              /*(设置外边距)*/
            font:bolder 80px 黑体;
            color: red;
            text-decoration:line-through;
        }
    </style>
</head>
<body>
    <h1>文本设置-underline</h1>
    <h2>文本设置-overline</h2>
    <h3>文本设置-line-through</h3>
</body>
</html>
```

运行结果如图 5-16 所示。

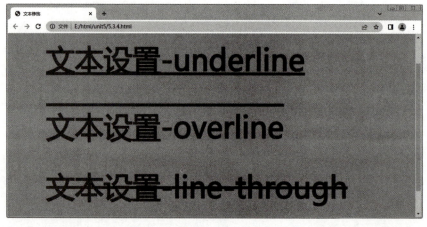

图 5-16 例 5.3.4.html 运行结果

例 5.3.5.html 代码如下:

```html
<html>
    <head>
        <meta charset="utf-8">
        <title>文本缩进</title>
        <style type="text/css">
            body{
                background-color: skyblue;
            }
            p{
                margin: 100px;           /*(设置外边距)*/
                font:bolder 20px 楷体;
                border:1px solid red;
            }
            #p1{
                text-indent: 2em;
            }
            #p2{
                text-indent: 20px;
            }
        </style>
    </head>
    <body>
        <p>
    文本设置文本设置文本设置文本设置文本设置文本设置文本设置文本设置文本设置文本设置文本设置文本设置文本设置文本设置。
        </p>
        <p id="p1">
    文本设置文本设置文本设置文本设置文本设置文本设置文本设置文本设置文本设置文本设置文本设置文本设置文本设置文本设置
        </p>
        <p id="p2">
    文本设置文本设置文本设置文本设置文本设置文本设置文本设置文本设置文本设置文本设置文本设置文本设置
        </p>
    </body>
</html>
```

运行结果如图 5-17 所示。

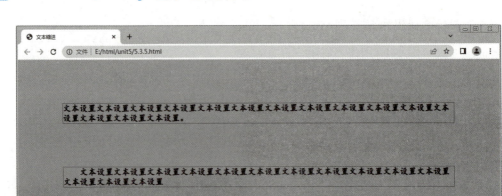

图 5-17 例 5.3.5.html 运行结果

例 5.3.6.html 代码如下：

```
<html>
    <head>
        <meta charset="utf-8">
        <title>文本大小写设置</title>
        <style type="text/css">
            body{
                background-color: skyblue;
            }
            p{
                margin: 100px;              /*(设置外边距)*/
                font:bolder 20px 楷体;
                border:1px solid red;        /*(设置边框)*/
            }
            #p1{
                text-transform:capitalize;
            }
            #p2{
                text-transform:uppercase;
            }
            #p3{
                text-transform:lowercase;
            }
```

```
        </style>
    </head>
    <body>
        <p id="p1">
        text-transform:capitalize;首字大写
        </p>
        <p id="p2">
        text- transform:uppercase;大写
        </p>
        <p id="p3">
        text-transform:lowercase;小写
        </p>
    </body>
</html>
```

运行结果如图 5-18 所示。

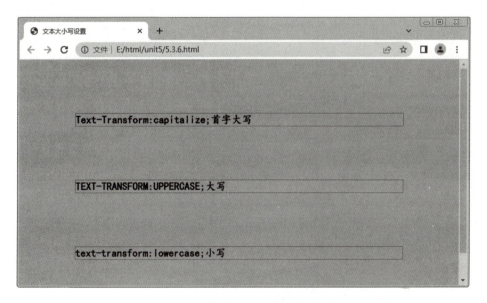

图 5-18　例 5.3.6.html 运行结果

5.4　边框

使用与边框相关的 CSS 属性，可以设置一个区域的边框粗细、线型及颜色。
与边框相关的 CSS 属性见表 5-4。

表 5-4 与边框相关的 CSS 属性

属性	意义	取值
border-top-width border-right-width border-bottom-width border-left-width	分别设置上、右、下、左边框的宽度	以像素为单位的数字值
border-top-style border-right-style border-bottom-style border-left-style	分别设置上、右、下、左边框的线条类型	常用的值有 solid、dashed、dotted、double 等
border-top-color border-right-color border-bottom-color border-left-color	分别设置上、右、下、左边框的颜色	RGB 颜色、RGBA 颜色及透明 十六进制颜色 颜色的英文单词
border-width	为四个方向边框设置宽度	以像素为单位的数字值
border-style	为四个方向边框设置线条类型	常用的值有 solid、dashed、dotted、double 等
border-color	为四个方向边框设置颜色	RGB 颜色、RGBA 颜色及透明 十六进制颜色 颜色的英文单词
border	边框连写模式	边框三要素宽度、类型、颜色一起写，各个值之间用空格分隔
border-collapse	相邻的两条边框线是否合并为一条	collapse 两条相邻边合并

例 5.4.1.html 代码如下：

```
<html>
    <head>
        <meta charset="utf-8">
        <title>边框宽度</title>
        <style type="text/css">
            body{
                background-color: skyblue;
            }
            p{
                margin: 100px;              /*(设置外边距)*/
                border:1px solid red;       /*(设置边框)*/
                height: 100px;              /*(设置高度)*/
                width: 100px;               /*(设置宽度)*/
            }
            #p1{
```

```
                border-top-width: 5px;
            }
            #p2{
                border-right-width: 10px;
            }
            #p3{
                border-bottom-width: 15px;
            }
            #p4{
                border-left-width: 20px;
            }
        </style>
    </head>
    <body>
        <p id="p1">border-top-width: 5px;</p>
        <p id="p2">border-right-width: 10px;</p>
        <p id="p3">border-bottom-width: 15px;</p>
        <p id="p4">border-left-width: 20px;</p>
    </body>
</html>
```

运行结果如图 5-19 所示。

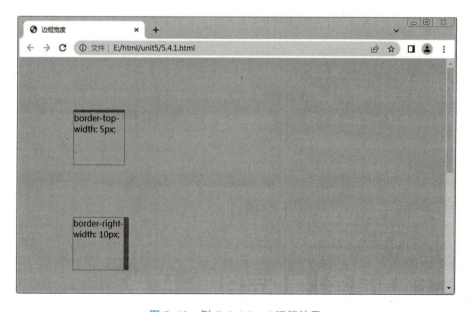

图 5-19 例 5.4.1.html 运行结果

例5.4.2.html 代码如下：

```html
<html>
    <head>
        <meta charset="utf-8">
        <title>边框线条样式</title>
        <style type="text/css">
            body{
                background-color: skyblue;
            }
            p{
                margin: 100px;              /*(设置外边距)*/
                border:1px solid red;       /*(设置边框)*/
                height: 100px;              /*(设置高度)*/
                width: 100px;               /*(设置宽度)*/
            }
            #p1{
                border-top-style: solid;
            }
            #p2{
                border-right-style: dashed;
            }
            #p3{
                border-bottom-style: dotted;
            }
            #p4{
                border-left-style: double;
            }
        </style>
    </head>
    <body>
        <p id="p1">border-top-style: solid;</p>
        <p id="p2">border-right-style: dashed;</p>
        <p id="p3">border-bottom-style: dotted;</p>
        <p id="p4">border-left-style: double;</p>
    </body>
</html>
```

运行结果如图5-20所示。

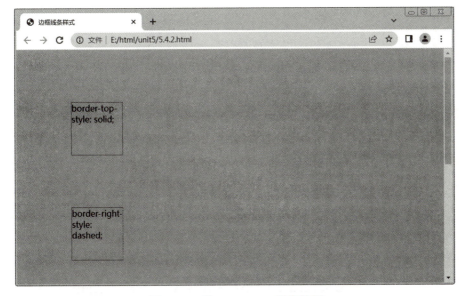

图 5-20　例 5.4.2.html 运行结果

例 5.4.3.html 代码如下：

```
<html>
    <head>
        <meta charset="utf-8">
        <title>边框颜色</title>
        <style type="text/css">
            body{
                background-color: skyblue;
            }
            p{
                margin: 100px;           /*(设置外边距)*/
                border:15px solid red;   /*(设置边框)*/
                height: 100px;           /*(设置高度)*/
                width: 100px;            /*(设置宽度)*/
            }
            #p1{
                border-top-color: blue;
            }
            #p2{
                border-right-color: green;
            }
            #p3{
                border-bottom-color: pink;
```

```
                }
                #p4{
                    border-left-color: yellow;
                }
            </style>
        </head>
        <body>
            <p id="p1">border-top-color: blue;</p>
            <p id="p2">border-right-color: green;</p>
            <p id="p3">border-bottom-color: pink;</p>
            <p id="p4">border-left-color: yellow;</p>
        </body>
    </html>
```

运行结果如图 5-21 所示。

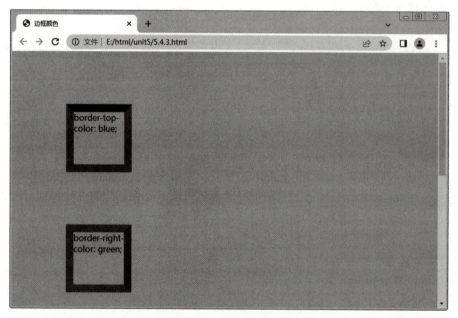

图 5-21　例 5.4.3.html 运行结果

5.5　列表

使用与列表相关的 CSS 属性，可以设置有序列表和无序列表的列表项目的标记（编号或项目符号）、列表项标记的位置、列表项标记的图像。

与列表相关的 CSS 属性见表 5-5。

单元 5　CSS 样式

表 5-5　与列表相关的 CSS 属性

属性	意义	取值
list-style-type	设置列表标记类型	disc、circle、square、decimal、lower-roman、upper-roman、lower-alpha、upper-alpha
list-style-position	设置列表中列表标记位置	inside 标记位置从内容处开始 outside 标记位置于列表外（默认值）
list-style-image	将图片设置为列表标记	url( ) 提供图像的地址
list-style	列表简写	依次设置 type、position、image

例 5.5.1. html 代码如下：

```html
<html>
    <head>
        <meta charset="utf-8">
        <title>设置列表标记类型</title>
        <style type="text/css">
            body{
                background-color: skyblue;
            }
            ul{
                width: 200px;
                float: left;
            }
            #u1{
                list-style-type: circle;:
            }
            #u2{
                list-style-type: disc;:
            }
            #u3{
                list-style-type: square;:
            }
            #u4{
                list-style-type: decimal;:
            }
            #u5{
                list-style-type: lower-roman;:
            }
            #u6{
                list-style-type: upper-roman;:
```

```
            }
            #u7{
               list-style-type: lower-alpha;:
            }
            #u8{
               list-style-type: upper-alpha;:
            }
        </style>
    </head>
    <body>
        <ul id="u1">
           <li>disc</li>
           <li>disc</li>
           <li>disc</li>
           <li>disc</li>
        </ul>
        <ul id="u2">
           <li>circle</li>
           <li>circle</li>
           <li>circle</li>
           <li>circle</li>
        </ul>
        <ul id="u3">
           <li>circle</li>
           <li>circle</li>
           <li>circle</li>
           <li>circle</li>
        </ul>
        <ul id="u4">
           <li>decimal</li>
           <li>decimal</li>
           <li>decimal</li>
           <li>decimal</li>
        </ul>
        <ul id="u5">
           <li>lower-roman</li>
           <li>lower-roman</li>
           <li>lower-roman</li>
           <li>lower-roman</li>
```

```
        </ul>
        <ul id="u6">
          <li>upper-roman</li>
          <li>upper-roman</li>
          <li>upper-roman</li>
          <li>upper-roman</li>
        </ul>
        <ul id="u7">
          <li>lower-alpha</li>
          <li>lower-alpha</li>
          <li>lower-alpha</li>
          <li>lower-alpha</li>
        </ul>
        <ul id="u8">
          <li>upper-alpha</li>
          <li>upper-alpha</li>
          <li>upper-alpha</li>
          <li>upper-alpha</li>
        </ul>
    </body>
</html>
```

运行结果如图 5-22 所示。

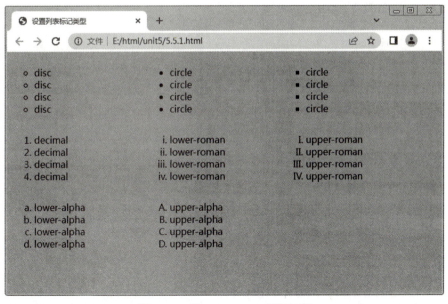

图 5-22　例 5.5.1.html 运行结果

例5.5.2.html 代码如下：

```html
<html>
    <head>
        <meta charset="utf-8">
        <title>设置列表中列表标记位置</title>
        <styletype="text/css">
            body{
                background-color: skyblue;
                padding: 100px;
            }
            #u1{
              list-style-position: inside;
            }
            #u2{
              list-style-position: outside;
            }

        </style>
    </head>
    <body>
        <ul id="u1">
          <li>inside</li>
          <li>inside</li>
          <li>inside</li>
          <li>inside</li>
        </ul>
        <ul id="u2">
          <li>outside</li>
          <li>outside</li>
          <li>outside</li>
          <li>outside</li>
        </ul>

    </body>
</html>
```

运行结果如图5-23所示。

单元5　CSS样式

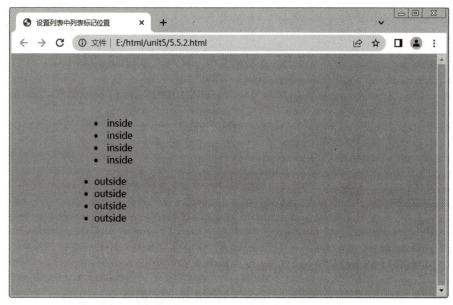

图5-23　例5.5.2.html运行结果

例5.5.3.html代码如下：

```
<html>
    <head>
        <meta charset="utf-8">
        <title>将图片设置为列表标记</title>
        <style type="text/css">
            body{
                background-color: skyblue;
                padding: 100px;
            }
            #u1{

            }
            #u2{
                list-style-image: url(tp1.jpg);
            }

        </style>
    </head>
    <body>
        <ul id="u1">
            <li>无序列表</li>
            <li>无序列表</li>
```

```
        <li>无序列表</li>
        <li>无序列表</li>
    </ul>
    <ul id="u2">
        <li>列表符号为图片</li>
        <li>列表符号为图片</li>
        <li>列表符号为图片</li>
        <li>列表符号为图片</li>
    </ul>

</body>
</html>
```

运行结果如图 5-24 所示。

图 5-24　例 5.5.3.html 运行结果

其中，list-style-type 属性的值 disc、circle、square 分别表示圆点、圆圈、正方形，一般用于无序列表。list-style-type 属性的值 decimal、lower-roman、upper-roman、lower-alpha、upper-alpha 分别表示阿拉伯数字、小写英文字母、大写英文字母、小写希腊字母、大写希腊字母，一般用于有序列表。

5.6　其他杂项属性

其他常用的 CSS 样式属性见表 5-6。

表 5-6　其他常用的 CSS 样式属性

属性	意义	取值
display	设置元素显示方式	inline 行级元素 block 块级元素 none 不显示

续表

属性	意义	取值
visibility	设置元素可见性	hidden 不显示位置保留
cursor	设置元素上方光标类型	help wait move pointer

例 5.6.1. html 代码如下：

```
<html>
    <head>
        <meta charset="utf-8">
        <title>设置元素显示方式</title>
        <style type="text/css">
            body{
                background-color: skyblue;
                padding: 100px;
            }
            p{
                width: 200px;
                height: 200px;
                background:red;
            }
            #p1{
                display: none;
            }
            #p1{
                display: inline;
            }
            #p3{
                display: block;
            }
            #p4{
                visibility: hidden;
            }
        </style>
    </head>
    <body>
    <p id="p1"></p>
    <p id="p2"></p>
```

```
        <p id="p4"></p>
        <p id="p3"></p>
    </body>
</html>
```

运行结果如图 5-25 所示。

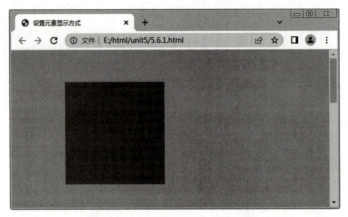

图 5-25　例 5.6.1.html 运行结果

4 个 p 标签中只有一个显示，其中，p1 显示方式为不显示，所以没有显示；p2 以行级元素显示，由于没有行级信息，所以也不显示；p3 以块级元素显示，所以网页上保留 p3 的效果；p4 用 visibility:hidden 隐藏，隐藏后虽然不显示，但位置还保留。

单元实训

通过本单元的学习，可知灵活使用 CSS 属性可以使 Web 开发人员的工作变得轻松，创造出新颖美丽的网站。掌握这些 CSS 的属性，可以了解如何使用及加载它们。具体实训开展任务安排见任务工单和任务评价。

任务工单

根据下表说明，完成实训任务。

任务编号：hcj5-1	实训任务：CSS 样式设置	日期：
姓名：	班级：	学号：
一、任务描述 在网页设计中，使用与背景相关的 CSS 属性，可以设置一个区域的背景颜色、背景图像。使用字体相关的 CSS 属性，可以设置文字块的字体或字体组、字号大小、行间距以及加粗、倾斜等特殊格式。使用文本相关的 CSS 属性，可以设置文本块的文字颜色、字间距、字符间距。使用边框相关的 CSS 属性，可以设置一个区域的边框粗细、线型及颜色。使用列表相关的 CSS 属性，可以设置有序列表和无序列表的列表项标记（编号或项目符号）、列表项标记的位置、列表项标记的图像。		

续表

任务编号：hcj5-1	实训任务：CSS 样式设置	日期：
姓名：	班级：	学号：

二、任务目标

素质目标	1. 具有产权保护意识。 2. 具有较强的团队合作意识。 3. 具有善于思考、深入研究的自主学习习惯。 4. 具有分析问题、总结经验的能力。
知识目标	1. 学习 CSS 词法中各种属性。 2. 熟练掌握 CSS 中值的单位和度。
能力目标	1. 能够设置 CSS 背景。 2. 能够完成页面中字体和文本的设置。 3. 能够处理好网页的边框和列表。

三、任务效果

使用 CSS 设置后的网页效果参考图如下。

四、任务实施

1. 根据所需内容在 HTML 中分别输入列表（校园新闻和教育教学）。
2. 分别设置页面中的文本格式、字体样式，以及教育教学版块中的背景色。
3. 完成所有设置后进行测试。
4. 进行任务考核。

五、任务考核

评价内容		得分
自主学习 （10 分）	是否通过平台课前提前预习（5 分）	
	查阅资料，完成课前任务（5 分）	
职业素养 （15 分）	团队协作精神，完成工作量多少（5 分）	
	学习态度端正，操作认真（5 分）	
	沟通和表达能力（5 分）	
理论掌握情况 （20 分）	回答问题全面，思路清晰（10 分）	
	小组讨论积极发言（10 分）	
实践操作能力 （55 分）	HTML 内容部分（15 分）	
	文本格式、字体样式设置（25 分）	
	背景颜色设置（10 分）	
	各种样式和颜色的搭配（5 分）	
教师评语		总评成绩	

续表

任务编号：hcj5-1	实训任务：CSS 样式设置	日期：
姓名：	班级：	学号：
指导教师：		日期： 年 月 日

任务评价

根据下表所列评分要求和准则，结合学习过程中的表现开展自我评价、小组互评、教师评价，对以上三项加权平均，计算出最后得分。

考核项		考核要求	评分准则	配分	自评	互评	师评
基本素养（20分）	学习态度（10分）	按时到课，不早退	缺勤全扣；迟到、早退，一次扣1分	2分			
		课堂专注学习	不做与课堂学习无关的事，违反一次扣2分	4分			
		积极思考、回答问题	根据上课统计情况得分	2分			
		学习用品准备	自己主动准备学习用品并齐全	2分			
	职业道德（10分）	团队合作	主动合作4分，被动合作2分	4分			
		积极进取	主动思考、创新2分	2分			
		高标准、高质量意识	对工作精益求精，4分；对工作认真，2分；其余不得分	4分			
核心技术（40分）	知识点（20分）	1. 学习CSS词法中各种属性	根据在线课程测试情况得1~10分	10分			
		2. 熟练掌握CSS中值的单位和度	能运用思维导图绘制对应知识结构	10分			
	技能点（20分）	1. 能够设置CSS背景 2. 能够完成页面中的字体和文本设置	课上快速、准确明确工作任务要求	10分			
		3. 能够处理好网页的边框和列表	清晰、准确完成相关操作	10分			
任务完成情况（40分）	按时保质保量完成工作任务（40分）	按时提交	按时提交得10分；迟交得1~5分	10分			
		任务完成度	根据完成情况得1~10分	10分			
		任务准确度	根据准确程度得1~10分	10分			
		团队意识与创新	是否帮助团队成员及是否自主创新，视实际情况得1~10分	10分			
合计				100分			
总分【加权平均（自我评价20%，小组评价30%，教师评价50%）】							
小组组长签字			教师签字				

评价内容	主要收获和不足	星级评定
网站开发知识层面		☆☆☆☆☆
网页设计技能层面		☆☆☆☆☆
综合素质层面		☆☆☆☆☆

结合教师、同学的评价及自己在学习过程中的表现，总结自己在本工作领域的主要收获和不足，进行星级评定。

课后习题

一、填空题

1. CSS 属性中，background-color 是指_____。
2. 当在页面中设置图片大小时，可以使用背景图片区域的_____和_____属性限定其大小，从而显示需要的图片区域。
3. font-style 指的是_____。_____表示设置上边框的宽度。
4. CSS 属性中，设置背景的连写模式是_____，_____为四个方向边框设置颜色。
5. _____设置文本的行高，_____设置字符间距，_____设置文本对齐方式。

二、选择题

1. CSS 属性中，使用（　　）把图片设置成背景。
   A．background-position　　　　B．background
   C．background-image　　　　　D．background-attachment
2. background-color 属性设置为 transparent，表示（　　）。
   A．透明　　　B．黑色　　　C．红色　　　D．灰色
3. 设置字体样式为正常，默认值是（　　）。
   A．oblique　　B．italic　　C．normal　　D．font-variant
4. 设置元素的背景图片，正确的是（　　）。
   A．background-image:"路径"　　　　B．background-attachment:"路径"
   C．background-image:url("路径")　　D．background-attachment:url("路径")

5. top left 表示顶部左侧，center right 表示中部右侧，（ ）表示底部中间。
   A. direction   B. marquee   C. bottom center   D. transparent

6. 设置字符间距时，通常使用（ ）作为单位。
   A. 分辨率   B. 像素 px   C. RPG   D. mm

7. text-decoration 文本修饰线中，none 表示（ ）。
   A. 下划线   B. 删除线   C. 无修饰   D. 上划线

8. （ ）设置右边框的宽度。
   A. border-top-width   B. border-right-width
   C. border-bottom-width   D. border-left-width

9. （ ）设置相邻的两条边框线是否合并为一条。
   A. border-color   B. border   C. border-collapse D. border-style

10. 使用与列表相关的 CSS 属性，可以设置有序列表和无序列表的列表项标记等，其中，设置列表项标记类型的是（ ）。
    A. list-style   B. list-style-type
    C. list-style-image   D. list-style-position

11. 设置图像不平铺，正确的是（ ）。
    A. background-image:no-repeat   B. background-image:no
    C. background-image:repeat   D. background-image:repeat-x

12. 以下有关字体的 CSS 属性的说法中，设置字体加粗的是（ ）。
    A. 为 font-style 赋值为 bold   B. 为 font-variant 赋值为 bold
    C. 为 font-weight 赋值为 bold   D. 为 font-family 赋值为 bold

单元 6

CSS 网页布局实例

在网站和网页开发领域，众多的网站运营者、Web 设计师、Web 开发人员共同掀起了一股网站重构的浪潮。通过在 HTML 文档中使用结构化的标记以及用 CSS 控制页面表现，使页面的实际内容与它们呈现的格式相分离的站点的过程就是网站重构。在持续多年的网站重构浪潮中，经过广大的 Web 设计者和开发者广泛的实践与传播，Web 标准的概念逐渐深入人心。现在，遵循 Web 标准进行网站和网页设计与开发，已成为业界的共识。

6.1 Web 标准

一般认为，网页主要由 3 个部分构成：结构（Structure）、表现（Presentation）和行为（Behavior）。它们都有各自的标准。

6.1.1 结构

结构是指一个网页有哪些内容以及这些内容如何被清晰地组织在一起。网页结构的标准主要是 XML 语言和 XHTML 语言。XML（Extensible Markup Language，可扩展标记语言）由万维网联盟（W3C）发布，目前推荐版本为于 2000 年发布的 1.0 版。XML 最初设计的目的是弥补 HTML 的不足，以强大的扩展性满足网络信息发布的需要，后来逐渐用于网络数据的传输和描述。XHTML（Extenssible HyperText Markup Language，可扩展超文本标记语言）由万维网联盟（W3C）发布，目前推荐版本为于 2000 年发布的 1.0 版。设计它的目的是由 HTML 向 XML 过渡。实际上，它就是在 HTML 的基础上利用 XML 的规则进行规范化和扩展而得到的。

6.1.2 表现

表现是指一个网页的内容以何种样式来展现。网页表现的标准是 CSS 语言。CSS（Cascading Style Sheets，层叠样式表）由万维网联盟（W3C）发布，目前推荐版本为 1998 年发布的 CSS2。设计它的目的是使网页的结构和样式分离，并对网页的样式实施全面和更为精确的控制。

6.1.3 行为

行为是指一个网页及其所包含的网页元素以及它所属的浏览器窗口如何与用户交互。网页行为由 JavaScript 脚本语言来实现。JavaScript 包含三个部分，所以网页行为的标准也有三个方面：一是 ECMAScript，它是 JavaScript 语言核心部分的规范，由 ECMA（欧洲计算机制造商协会）发布，目前普遍采用的是 ECMA-262 第三版；二是 BOM（浏览器对象模型），它是浏览器应用程序对 JavaScript 脚本开放的编程接口规范，由各个浏览器厂商制定，目前在不同的浏览器之间存在差异；三是 DOM（文档对象模型），它是网页文档及其所包含的网页元素对 JavaScript 脚本开放的编程接口规范，由万维网联盟（W3C）发布，共分为三级，各个浏览器普遍支持 DOM 一级规范。

6.1.4　XHTML

如前所述，XHTML 是 HTML 的替代者，它是从 HTML 继承而来的，但使用了 XML 的规则进行严格规范。XHTML 与传统的 HTML 的不同之处，主要来自 XML 语法规范的格式要求，即要求"格式良好"。有这些要求：必须有且仅有一个根元素<html></html>；标签必须正确地嵌套；标签必须关闭；标签名和属性名必须使用小写；属性必须赋值；属性值必须包含在引号内；特殊字符必须用实体编码来表示；注释的内容中不能包含"--"；图片必须有替代文字。

另外，对于网页文档中可以使用的标签有哪些，标签有哪些可用的属性，属性可用哪些值，标签之间如何嵌套，特殊字符如何表示，等等，XHTML 语言都有严格的要求。这些要求统称为 XHTML 文档的有效性。XHTML 文档的有效性通过 DTD（Document Type Definition，文档类型定义）来定义和验证。万维网联盟（W3C）为 XHTML 制定了 3 种 DTD，分别适用于不同场景。过渡的（Transitional）：要求非常宽松的 DTD，允许继续使用 HTML4.01 的标签和属性，但要求格式良好。严格的（Strict）：要求严格的 DTD，不能使用任何表现层的标签和属性。框架集的（Frameset）：专门针对框架集页面设计使用的 DTD，如果页面中包含由多个框架组成的框架集，需要采用这种 DTD。

为确保 XHTML 文档是有效的，应在文档第一行（<html>标签开始之前）添加 DOCTYPE，即文档类型声明。对上述三种文档类型进行定义，声明使用它们的代码分别如下：

过渡的：

```
<! DOCTYPE html PUBLIC "- //W3C//DTD XHTML 1.0 Transitional//EN"
"http://www.w3.org/TR/xhtml1/DTD/xhtml1-transitional.dtd">
```

严格的：

```
<! DOCTYPE html PUBLIC "- //W3C//DTD XHTML 1.0 Strict//EN"
"http://www.w3.org/TR/xhtml1/DTD/xhtml1-strict.dtd">
```

框架集的：

```
<! DOCTYPE html PUBLIC "-/W3C//DTD XHTML 1.0 Frameset//EN"
"http://www.w3.org/TR/xhtml1/DTD/xhtml1-frameset.dtd">
```

CSS 的出现，使网页的结构与表现比较清晰地分离成为可能。

对于网页包含的数据内容，由 HTML 标签负责承载，同时，文档内众多标签的先后顺序和嵌套关系，也说明了这些数据内容的结构。

对于网页中的每一个元素最终在浏览器中以何种样式来呈现，则由 CSS 的样式规则来负责定义。CSS 样式规则一般编写在网页的头部<head></head>中，这样可使用来承载数据和描述结构的 HTML 代码与控制样式的 CSS 代码分离开来。如果需要二者更进一步地分离，则可将 CSS 样式规则转移到独立的外部样式表文件中。

网页的结构与表现分离带来了这些好处：使页面载入得更快；保持整个站点视觉的一致性；修改设计时更有效率；结构清晰，数据的集成、更新和处理更加方便灵活；搜索更有意义，更好地被搜索引擎收录；样式丰富，对浏览者更具亲和力；数据能适应不同的设备，多样显示。

6.1.5 Web 标准与 CSS 实现网页布局

网页布局又可理解为网页排版。简单地说，就是网页中的某一块内容应该放置在网页的哪个位置，占用多大的面积。在 Web 标准成为 Web 开发人员的共识以前，或者说在 CSS 语言被广大 Web 开发人员掌握并广泛使用之前，网页布局大量使用表格来实现。通过规划表格的行和列，并合理地使用单元格合并，再把需要定位的网页元素放置到各个单元格中，这样可以很容易地实现网页布局。但是，这样做带来了很大的问题：首先，复杂的布局需要多个表格深层嵌套，这会拖累浏览器呈现网页内容的速度，也使搜索引擎检索内部的数据变得困难。其次，使用 table、tr、td 等标签来实现布局，使这些标签丧失了它们本来的语义。从语义上来讲，table 明显是用来承载二维表格数据的，比如，某个班级在某次考试后的学员成绩表；tr 用来表示表格中的一行，比如某个学员的一条成绩记录；td 用来表示行中的某个单元格，比如某一门课程的分数。使用表格相关的标签实现布局使它们与它们本来的语义毫不相干。大量使用表格实现布局，直接违反了结构和表现分离的原则，从而不符合 Web 标准。网页布局是要解决特定的某一块网页元素应在网页的哪个位置显示以及显示时占用多大面积的问题。这明显属于网页外观样式或者说网页如何表现的范畴，与表格无关。表格作为 HTML 标签，它只应负责承载二维表格的数据以及行与列这种结构。很明显，按照 HTML 和 CSS 这两种语言的分工，或者按照结构与表现分离的原则，网页布局应该由 CSS 样式表语言实现，而与 HTML 语言中的表格无关。

在目前的 Web 开发实践中，普遍采用 CSS 结合 div 标签来实现网页的布局。基本思路是：将整个网页的所有内容分割成相对独立的内容块，这些内容块分别用一个 div 标签来包裹，再使用 CSS 的属性分别设置这些内容块的位置和尺寸，这样整个页面的版式就受到了控制，从而实现了网页的布局。

6.2　CSS 的盒状模型

要使用 CSS 实现网页布局，需要先理解 CSS 的盒状模型（Box Model）。

6.2.1　盒状模型概述

页面中可放置内容的窗口元素称为盒子，即 box，盒子就是一个矩形区域。每个盒子都有内容 content、内边距 padding、边框 border、外边距 margin，盒状模型用于描述它们之间的层次、关系与相互的影响。

图 6-1 描述了一个盒子的构成。

图 6-1　盒子的构成

其中：

CSS 外边距属性（margin）用来设置一个元素所占空间的边缘到相邻元素之间的距离。

CSS 边框属性（border）用来设定一个元素的边线。

CSS 内边距属性（padding）用来设置元素内容到元素边框的距离。

CSS 背景属性指的是 content 和 padding 区域。

CSS 属性中的 width 和 height 指的是 content 区域的宽和高。

以 3D 的方式更清晰地描述它们的关系，如图 6-2 所示。

此外，盒子还有块级盒子（block box）、内联盒子（inline box）之分。这两种盒子分别是块级元素与内联元素的默认盒状模型。

常见的块级元素有 div、table、form、fieldset、h1~h6、p、ol、ul、li、hr 等。常见的内联元素有 span、a、label、input、select、textarea、img、embed、br 等。在显示时，块级元素显示为独立的一块（矩形区域），它的前后都会换行；内联元素不会导致换行，它会和其他内联元素一起，在一行内显示。

一般来说，内联元素只能包含文本和其他内联元素，而块级元素则能包含内联元素和其他块级元素。所有被 body 包含的元素，要么是块级的，要么是内联的，要么既是块级的又

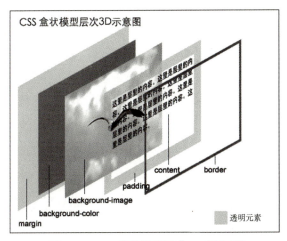

图 6-2　CSS 盒状模型层次 3D 示意图

是内联的，不存在一个能被 body 包含但既非块级也非内联的元素。

浏览器在呈现网页时，默认按源代码的顺序，从上到下（块级元素），从左到右（内联元素），网页中的各个元素依次向浏览器窗口中的文档显示区域的顶部流动并排列，这称为文档流。每个元素在文档流中都有它自己特定的位置和面积，改变某个元素的布局将直接影响其他元素的布局。

使用 CSS 属性 display 可以设置网页元素使用的盒状模型。如为块级元素的 display 属性赋值为 inline，那么这个块级元素转变为内联元素；为内联元素的 display 属性赋值为 block，则这个内联元素转变为块级元素。以下示例演示了块级元素转变为内联元素后不同的显示方式。

例 6.2.1. html 代码如下：

```
<! DOCTYPE >
<html>
    <head>
    <title>块级元素和内联元素</title>
    <style>
    #firstDiv,#secondDiv,#thirdDiv{
    border:1px solid gray;
    }
/*
    #myul li{
    display:inline;
    }
    . myp{
    display:inline;
```

```
        }
        #secondDiv,#thirdDiv{
        display:inline;
        }*/

    </style>
    </head>
    <body>
        <div id="firstDiv">
        <p class="myp">第一个段落</p>
        <p class="myp">第二个段落</p>
        </div>
        <ul id="myul">
        <li>列表项目</li>
        <li>列表项目</li>
        <li>列表项目</li>
        </ul>
        <div id="secondDiv">secondDiv</div>
        <div id="thirdDiv">thirdDiv</div>
        </body>
</html>
```

CSS 代码中有部分样式规则被注释掉了，暂未使用。代码运行结果如图 6-3 所示。

图 6-3　例 6.2.1. html 运行结束

代码中的 div、p、ul、li 等元素都是块级元素，默认使用块级盒状模型，所以它们在各自的容器内都独占一行，它们的前后各有一次换行。将范例中被注释掉的样式规则启用，再次运行，运行结果如图 6-4 所示。

图 6-4　例 6.2.1.html 解除注释后运行结果

6.2.2　外边距

CSS 外边距属性用来设置一个元素所占空间的边缘到相邻元素之间的距离，使用 margin 属性来设置外边距，见表 6-1。

表 6-1　使用 margin 属性来设置外边距

属性	意义	取值
margin-top	上外边距	常用像素，也可用百分比
margin-right	右外边距	
margin-bottom	下外边距	
margin-left	左外边距	
margin	简写模式	取一个值代表四个方向 取两个值代表上下、左右 取四个值代表上、右、下、左

例 6.2.2.html 代码如下：

```
<html>
    <head>
        <meta charset="utf-8">
        <title>外边框的设置</title>
        <style type="text/css">
            body{
                background-color: skyblue;
            }
            div{
                width: 100px;
                height: 100px;
                text-align: center;
```

```
            line-height: 100px;
            background: #666;
            color: #fff;
        }
        #box1{
            margin-top:50px;
        }
         #box2{
            margin-left:200px;
        }
        #box3{
            margin-bottom: 150px;
        }
        #box4{
            margin-right: 100px;
        }
        #box5{
            margin: 100px;
        }
    </style>
</head>
<body>
    <div id="box1">box1</div>
    <div id="box2">box2</div>
    <div id="box3">box3</div>
    <div id="box4">box4</div>
    <div id="box5">box5</div>
</body>
</html>
```

运行结果如图 6-5 所示。

外部 DIV 设置了外边距为 0，所以它的上边和左边紧贴着文档正文区域的上边和左边；内部 DIV 设置了外边距为 20 像素，所以它的左边与外部 DIV（它的容器）的左边有一定的距离。另外，使用通配符选择器将网页中所有元素的外边距和内边距都设置为 0，是为了避免元素默认的内、外边距对观察运行结果造成影响。

外边距的几种特殊情况：
① 块级元素的垂直相邻外边距值合并，不会相加。
② 行级元素的上、下外边距无效，左、右外边距有效且距离值相加。
③ 浮动相邻元素的边距不合并，值相加。
④ 外边距可以设置为负值。

单元 6　CSS 网页布局实例

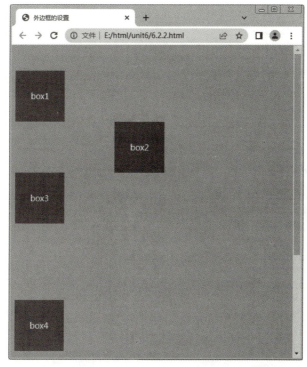

图 6-5　例 6.2.2.html 运行结果

6.2.3　内边距

CSS 内边距属性用来设置元素内容到元素边框的距离。使用 padding 属性来设置内边距，见表 6-2。

表 6-2　使用 padding 属性来设置内边距

属性	意义	取值
padding-top	上内边距	常用像素，也可用百分比
padding-right	右内边距	
padding-bottom	下内边距	
padding-left	左内边距	
padding	简写模式	取一个值代表四个方向 取两个值代表上下、左右 取四个值代表上、右、下、左

例 6.2.3.html 代码如下：

```
<html>
    <head>
    <meta charset="utf-8">
```

```
        <title>内边距</title>
        <style type="text/css">
            body{
                background-color: skyblue;
            }
            div{
                width: 100px;
                height: 100px;
                text-align: center;
                line-height: 100px;
                background: #999999;
                color: #fff;
                margin: 50px;
                float: left;

            }
            img{
                width: 100px;
                height: 100px;
            }
            #box1{
                padding-top:20px;
            }
            #box2{
                padding-right: 50px;
            }
            #box3{
                padding-bottom: 40px;
            }
            #box4{
                padding-left: 30px;
            }
            #box5{
                padding: 80px;
            }
        </style>
    </head>
    <body>
        <div id="box1"><img src="tp3.png"></div>
        <div id="box2"><img src="tp3.png"></div>
```

```
            <div id="box3"><img src="tp3.png"></div>
            <div id="box4"><img src="tp3.png"></div>
            <div id="box5"><img src="tp3.png"></div>
        </body>
    </html>
```

运行结果如图 6-6 所示。

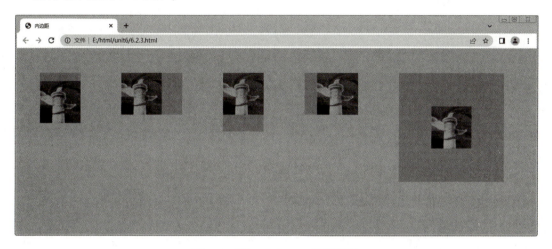

图 6-6　例 6.2.3.html 运行结果

由于外部 DIV 设置了内边距，所以它内部的内容（两个段落，一个内部 DIV）都和它的左边界有一定的距离，另外，它内部的第一个段落和它的顶边界也有一定的距离。

注意内边距几种特殊情况：

① 背景会覆盖在内边距上。

② 内边距不能取负数，最小值为零。

③ 相同优先级中有相同属性值的，取最后面定义的值。

6.2.4　尺寸

CSS 尺寸属性指的是 content 内容区域的宽和高。使用 width 和 height 属性来设置内容区域的宽度和高度，见表 6-3。

表 6-3　盒子尺寸

属性	意义	取值
width	设置元素区域宽度	px 像素
height	设置元素区域高度	px 像素
overflow	设置元素区域无法显示内容时如何处理	auto 自动出现滚动条 scroll 强制出现滚动条 hidden 不显示

例 6.2.4. html 代码如下：

```html
<html>
    <head>
        <meta charset="utf-8">
        <title>例子尺寸</title>
        <style type="text/css">
            body{
                background-color: skyblue;
            }
            div{
                width: 200px;
                height: 200px;

                margin: 50px;
            }
            img{
                width: 500px;
                height: 180px;
            }
            #box1{
                overflow: visible;
            }
            #box2{
                overflow: auto;
            }
            #box3{
                overflow: scroll;
            }
            #box4{
                overflow: hidden;
            }
        </style>
    </head>
    <body>
        <div id="box1"><img src="tp.jpg"></div>
        <div id="box2"><img src="tp.jpg"></div>
        <div id="box3"><img src="tp.jpg"></div>
        <div id="box4"><img src="tp.jpg"></div>
    </body>
</html>
```

运行结果如图 6-7 所示。

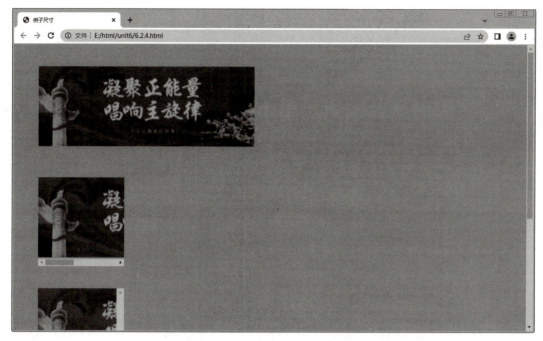

图 6-7 例 6.2.4.html 运行结果

CSS 溢出属性指内容区域的尺寸不足以容纳元素的内容时，超出的部分如何处理。使用 overflow 属性来设置如何处理溢出的内容。

DIV 中的内容较多，导致它在垂直方向上的空间不够。因为它的溢出属性设置为 scroll，所以它自动出现了垂直滚动条。

6.3 浮动

浮动是 CSS 实现布局的重要手段，元素脱离正常的文档流，让出它在文档流中本来占据的位置和空间，漂浮在文档流之上。清除浮动就是禁止元素的某一侧或两侧出现浮动元素。使用 CSS 属性 float 和 clear 来设置元素的浮动和清除浮动。CSS 样式属性的浮动见表 6-4。

表 6-4 浮动

属性	意义	取值
float	设置元素在其父级元素中如何浮动	left 左浮动 right 右浮动 none 不浮动
clear	设置元素之上不允许出现浮动元素	left 不允许出现左浮动 right 不允许出现右浮动 both 不允许出现任何浮动

DIV 是块级元素，在页面中独占一行，自上而下排列，也就是传说中的流。
例 6.3.1. html 代码如下：

```html
<html>
    <head>
        <meta charset="utf-8">
        <title>浮动</title>
        <style type="text/css">

            #box1{
                width: 300px;
                height: 100px;
                background: red;
            }
            #box2{
                width: 600px;
                height: 50px;
                background: green;
            }
            #box3{
                width: 150px;
                height: 150px;
                background: yellow;
            }
            #box4{
                width: 200px;
                height: 80px;
                background: skyblue;
            }
        </style>
    </head>
    <body>
        <div id="box1">div1</div>
        <div id="box2">div2</div>
        <div id="box3">div3</div>
        <div id="box4">div4</div>
    </body>
</html>
```

运行结果如图 6-8 所示。

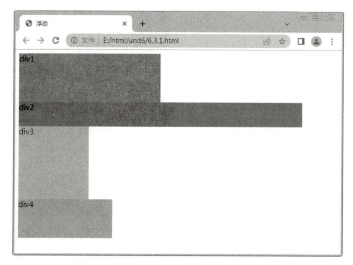

图 6-8　例 6.3.1.html 运行结果

可以看出,即使 div1 的宽度很小,页面中一行可以容下 div1 和 div2,div2 也不会排在 div1 后边,因为 DIV 元素是独占一行的。

注意,以上这些理论是指标准流中的 DIV。无论多么复杂的布局,其基本出发点均是 "如何在一行显示多个 DIV 元素"。

显然标准流已经无法满足需求,这就要用到浮动。浮动可以理解为让某个 DIV 元素脱离标准流,漂浮在标准流之上,和标准流不是一个层次。

例如,假设图 6-8 中的 div2 浮动,那么它将脱离标准流,但 div1、div3、div4 仍然在标准流当中,所以 div3 会自动向上移动,占据 div2 的位置,重新组成一个流。

例 6.3.2.html 代码如下:

```
<html>
    <head>
        <meta charset="utf-8">
        <title>浮动</title>
        <style type="text/css">

            #box1{
                width: 300px;
                height: 100px;
                background: red;
            }
            #box2{
                width: 600px;
                height: 50px;
```

```
                background: green;
                float: left;
            }
            #box3{
                width: 150px;
                height: 150px;
                background: yellow;
            }
            #box4{
                width: 200px;
                height: 80px;
                background: skyblue;
            }
        </style>
    </head>
    <body>
        <div id="box1">div1</div>
        <div id="box2">div2</div>
        <div id="box3">div3</div>
        <div id="box4">div4</div>
    </body>
</html>
```

运行结果如图 6-9 所示。

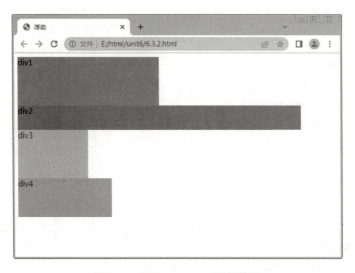

图 6-9　例 6.3.2.html 运行结果

从图中可以看出，由于对 div2 设置浮动，因此它不再属于标准流，div3 自动上移顶替 div2 的位置，div1、div3、div4 依次排列，成为一个新的流。又因为浮动是漂浮在标准流之上的，因此 div2 挡住了一部分 div3，div3 看起来变"矮"了。

这里 div2 用的是左浮动（float:left;），可以理解为漂浮起来后靠左排列；右浮动（float:right;）就是靠右排列。这里的靠左、靠右是说页面的左、右边缘。

如果把 div2 采用右浮动，效果如图 6-10 所示。

图 6-10　div2 采用右浮动效果

此时 div2 靠页面右边缘排列，不再遮挡 div3，读者可以清晰地看到上面所讲的 div1、div3、div4 组成的流。

目前为止，只浮动了一个 DIV 元素（div2），那么如果浮动多个 div 呢？

下面把 div2 和 div3 都加上左浮动，效果如图 6-11 所示。

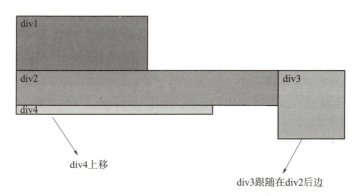

图 6-11　把 div2 和 div3 都加上左浮动效果

同理，由于 div2、div3 浮动，它们不再属于标准流，因此 div4 会自动上移，与 div1 组成一个"新"标准流，而浮动是漂浮在标准流之上，因此 div2 又挡住了 div4。

当同时对 div2、div3 设置浮动之后，div3 会跟随在 div2 之后。由上述示例可以发现，div2 在每个例子中都是浮动的，但并没有跟随到 div1 之后。因此，可以得出一个重要结论：

假如某个 DIV 元素 A 是浮动的，如果 A 元素的上一个元素也是浮动的，那么 A 元素会跟随在上一个元素的后边（如果一行放不下这两个元素，那么 A 元素会被挤到下一行）；如果 A 元素的上一个元素是标准流中的元素,那么 A 的相对垂直位置不会改变,也就是说,A 的顶部总是和上一个元素的底部对齐。

为了帮助读者理解,再举几个例子。

假如把 div2、div3、div4 都设置成左浮动,效果如图 6-12 所示。

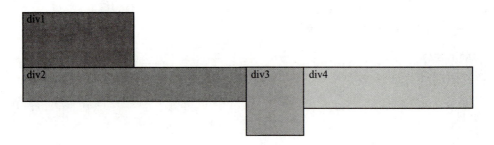

图 6-12　把 div2、div3、div4 都设置成左浮动效果

上述多个示例为 div 设置了浮动,但它从来就没有上浮到 div 的右侧。这是因为假定 A 元素设置了浮动,则根据它的前一个元素是否也设置了浮动,分为两种情况:

(1) 如果前一个元素也设置了浮动而脱离了文档流,那么 A 元素将上浮到前一个元素同一行的后侧(靠近页面的边界为前,远离页面的边界为后。对于向左浮动,就是位于前一个元素的右边;对于向右浮动,就是位于前一个元素的左边。如果行内剩余的宽度无法容纳,则换到下一行)。

(2) 如果前一个元素没有设置浮动,仍然位于文档流中,那么 A 元素将在前一个元素的下方显示(A 元素的顶边界与前一个元素的底边界平齐)。

块级元素浮动之前,在标准流中,是从上到下竖向排列的,而浮动之后可以理解为从左到右或从右到左横向排列。清除浮动可以理解为打破横向排列。

按照之前所述的浮动规则,DIV 浮动到漂浮层的左侧或右侧,后面的 DIV 都会顶到浮动 DIV 下方,假设出于某种需要不希望后面的 DIV 出现在浮动 DIV 的下方,那么就需要使用清除浮动。这一需求实际上可以这样描述:对于 DIV 而言,它的左侧不要存在其他浮动的元素。可以在元素上设置 CSS 的清除浮动属性来实现这一点。

6.4　定位方式和坐标

要使用 CSS 实现网页布局,除了要掌握上述盒状模型的特征和相关属性之外,还需要了解与元素定位有关的一系列 CSS 属性。

position 属性可以设置默认定位方式之外的其他 3 种方式。top、right、bottom、left 用于设置定位坐标,见表 6-5。

表 6-5 定位属性

属性	意义	取值
position-static	静态定位，默认值	top、right、bottom、left 取两个垂直方向的点
position-relative	相对定位，相对于自己原来的位置进行移动，原来的位置保留	top、right、bottom、left 取两个垂直方向的点
position-absolute	绝对定位，以父级元素作为参照进行定位（父级元素必须有定位属性），原来的位置不再保留	top、right、bottom、left 取两个垂直方向的点
position-fixed	固定定位，固定于浏览器窗口的指定位置	top、right、bottom、left 取两个垂直方向的点

例 6.4.1. html 代码如下：

```html
<html>
    <head>
        <meta charset="utf-8">
        <title>相对定位</title>
        <style type="text/css">
            div{
                width: 200px;
                height: 200px;
                text-align: center;
                line-height: 200px;
                font-size: 30px;
                color: #fff;
            }
            #box1{
                background: red;
            }
            #box2{
                background: green;
                position: relative;
                left: 150px;
                top: 50px
            }
            #box3{
                background: skyblue;
```

```
            }
        </style>
    </head>
    <body>
        <div id="box1">div1</div>
        <div id="box2">div2</div>
        <div id="box3">div3</div>

    </body>
</html>
```

运行结果如图 6-13 所示。

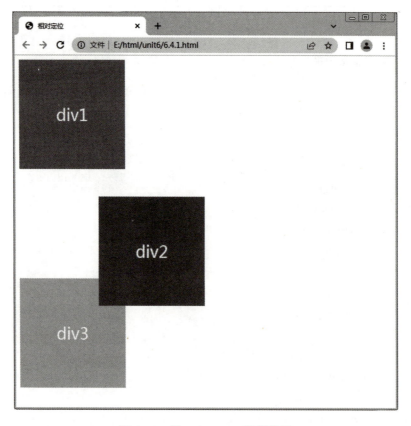

图 6-13　例 6.4.1.html 运行结果

position 属性赋值为 absolute 时，页面元素将被拖离出正常的文档流，进行绝对定位而不考虑它周围内容的布局。必须指定 left、right、top、bottom 属性中的至少一个来为页面元素提供坐标。

如果设置了绝对定位的页面元素的上级元素设置过 position 属性,则坐标系以直接上级元素的左上角为坐标原点;如果上级元素没有设置过 position 属性,则坐标系以文档正文区域的左上角为坐标原点。以下代码演示了相对定位。

例 6.4.2. html 代码如下:

```html
<html>
    <head>
        <meta charset="utf-8">
        <title>绝对定位</title>
        <style type="text/css">
            div{
                width: 200px;
                height: 200px;
                text-align: center;
                line-height: 200px;
                font-size: 30px;
                color: #fff;
            }
            #box1{
                background: red;
            }
            #box2{
                width: 500px;
                height: 500px;
                background: green;
                position: relative;
                line-height: 500px;
            }
            #box3{
                background: skyblue;
                position: absolute;
                left: 30px;
                top: 40px;
            }
        </style>
    </head>
    <body>
```

```
        <div id="box1">div1</div>
        <div id="box2">div2
            <div id="box3">div3</div>
        </div>


    </body>
</html>
```

运行结果如图 6-14 所示。

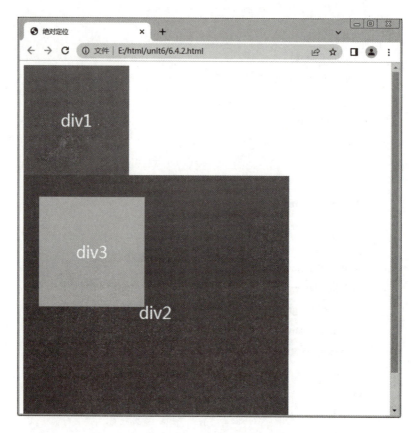

图 6-14 例 6.4.2.html 运行结果

网页中的多个内容块可能使用多种不同的定位方式，这可能导致它们在垂直于浏览器窗口（或文档正文区域）的方向上层叠起来，相互遮挡。使用 z 轴索引属性可以设置它们的层叠顺序。

在默认情况下，页面元素的层叠顺序取决于它们在文档流中的先后顺序（即它们各自的代码在文档中的先后顺序），代码越靠后，则显示时离浏览者越近。使用 z-index 属性可人为设置层叠顺序，z-index 值越大的元素越靠近浏览者。如果将 z-index 属性设置为负数，则将这个页面元素作为网页的背景显示在网页正文的背后。

单元实训

通过本单元的学习，网页布局又可理解为网页排版。简单地说，就是网页中的某一块内容应该放置在网页的哪个位置，占用多大的面积。在目前的 Web 开发实践中，普遍采用 CSS 结合 DIV 标签来实现网页的布局。基本思路是：将整个网页的所有内容分割成相对独立的内容块，这些内容块分别用一个 DIV 标签来包裹，再使用 CSS 的属性分别设置这些内容块的位置和尺寸。这样整个页面的版式就受到了控制，从而实现了网页的布局。

具体实训开展任务安排见任务工单和任务评价。

任务工单

根据下表说明，完成实训任务。

任务编号：hcj6-1	实训任务：CSS 网页布局	日期：
姓名：	班级：	学号：
一、任务描述 在网页开发中，使用 DIV+CSS 网页布局完成一个网站页面，内容包含顶部导航和 banner 广告，中间为主内容列表新闻和多个浮动版块。		
二、任务目标		
素质目标	1. 具有产权保护意识。 2. 具有较强的团队合作意识。 3. 具有善于思考、深入研究的自主学习习惯。 4. 具有分析问题、总结经验的能力。	
知识目标	1. DIV+CSS 网页布局技术。 2. 浏览器各元素的初始值。	
能力目标	1. 能够完成两列式的上、中、下布局。 2. 各版块的间距比例及色调协调。 3. 综合运用 CSS 设置整体效果。 4. 自主设计与创新。	

续表

任务编号：hcj6-1	实训任务：CSS 网页布局	日期：
姓名：	班级：	学号：

三、任务效果

使用 DIV+CSS 网页布局制作的网站页面效果图如下。

续表

任务编号：hcj6-1	实训任务：CSS 网页布局	日期：
姓名：	班级：	学号：

四、任务实施

1. 设计页面顶部、中部和底部三块区域。
2. 根据各区域功能不同，划分顶部和底部为一列式，中间为两列式布局。
3. 根据所需内容在 HTML 中分别输入列表、表单和超级链接。
4. 运用 CSS 设置整体效果。
5. 完成所有效果后调试。
6. 进行任务考核。

五、任务考核

	评价内容	得分
自主学习（10 分）	是否通过平台课前提前预习（5 分）	
	查阅资料，完成课前任务（5 分）	
职业素养（15 分）	团队协作精神，完成工作量多少（5 分）	
	学习态度端正，操作认真（5 分）	
	沟通和表达能力（5 分）	
理论掌握情况（20 分）	回答问题全面，思路清晰（10 分）	
	小组讨论积极发言（10 分）	
实践操作能力（55 分）	DIV+CSS 布局（15 分）	
	使用 CSS 完成所有效果（25 分）	
	布局的协调，CSS 选择器的合理性（10 分）	
	完整性高（5 分）	
教师评语		总评成绩

指导教师：

日期：　年　月　日

根据下表说明，完成实训任务。

任务编号：hcj6-2	实训任务：CSS 网页布局	日期：
姓名：	班级：	学号：

一、任务描述

在网页开发中，使用 DIV+CSS 网页布局完成一个网站页面，内容包含顶部导航和 banner 广告，中间为主内容列表新闻和多个浮动版块。

续表

任务编号：hcj6-2		实训任务：CSS 网页布局	日期：
姓名：		班级：	学号：

二、任务目标

素质目标	1. 具有产权保护意识。 2. 具有较强的团队合作意识。 3. 具有善于思考、深入研究的自主学习习惯。 4. 具有分析问题、总结经验的能力。
知识目标	1. DIV+CSS 网页布局技术。 2. 浏览器各元素的初始值。
能力目标	1. 能够完成两列式的上、中、下布局。 2. 各版块的间距比例及色调协调。 3. 综合运用 CSS 设置整体效果。 4. 自主设计与创新。

三、任务效果

使用 DIV+CSS 网页布局制作的网站页面效果图如下。

单元 6　CSS 网页布局实例

续表

任务编号：hcj6-2	实训任务：CSS 网页布局	日期：
姓名：	班级：	学号：

四、任务实施

1. 设计页面顶部、中部和底部三块区域。
2. 根据各区域功能不同，划分顶部和底部为一列式，中间为两列式布局。
3. 根据所需内容在 HTML 中分别输入列表、表单和超级链接。
4. 运用 CSS 设置整体效果。
5. 完成所有效果后调试。
6. 进行任务考核。

五、任务考核

	评价内容	得分
自主学习 （10 分）	是否通过平台课前提前预习（5 分）	
	查阅资料，完成课前任务（5 分）	
职业素养 （15 分）	团队协作精神，完成工作量多少（5 分）	
	学习态度端正，操作认真（5 分）	
	沟通和表达能力（5 分）	
理论掌握情况 （20 分）	回答问题全面，思路清晰（10 分）	
	小组讨论积极发言（10 分）	
实践操作能力 （55 分）	DIV+CSS 布局（15 分）	
	使用 CSS 完成所有效果（25 分）	
	布局的协调，CSS 选择器的合理性（10 分）	
	完整性高（5 分）	
教师评语		总评成绩

指导教师：

日期：　　年　　月　　日

根据下表说明，完成实训任务。

任务编号：hcj6-3	实训任务：CSS 网页布局	日期：
姓名：	班级：	学号：

一、任务描述

在网页开发中，使用 DIV+CSS 网页布局完成一个网站页面，内容包含顶部导航和 banner 广告，中间为主内容列表新闻和多个浮动版块。

续表

任务编号：hcj6-3	实训任务：CSS 网页布局	日期：
姓名：	班级：	学号：

二、任务目标

素质目标	1. 具有产权保护意识。 2. 具有较强的团队合作意识。 3. 具有善于思考、深入研究的自主学习习惯。 4. 具有分析问题、总结经验的能力。
知识目标	1. DIV+CSS 网页布局技术。 2. 浏览器各元素的初始值。
能力目标	1. 能够完成两列式的上、中、下布局。 2. 各版块的间距比例及色调协调。 3. 综合运用 CSS 设置整体效果。 4. 自主设计与创新。

三、任务效果

使用 DIV+CSS 网页布局制作的网站页面效果图如下。

续表

任务编号：hcj6-3	实训任务：CSS 网页布局	日期：
姓名：	班级：	学号：

四、任务实施

1. 设计页面顶部、中部和底部三块区域。
2. 根据各区域功能不同，划分顶部和底部为一列式，中间为两列式布局。
3. 根据所需内容在 HTML 中分别输入列表、表单和超级链接。
4. 运用 CSS 设置整体效果。
5. 完成所有效果后调试。
6. 进行任务考核。

五、任务考核

	评价内容	得分
自主学习（10 分）	是否通过平台课前提前预习（5 分）	
	查阅资料，完成课前任务（5 分）	
职业素养（15 分）	团队协作精神，完成工作量多少（5 分）	
	学习态度端正，操作认真（5 分）	
	沟通和表达能力（5 分）	
理论掌握情况（20 分）	回答问题全面，思路清晰（10 分）	
	小组讨论积极发言（10 分）	
实践操作能力（55 分）	DIV+CSS 布局（15 分）	
	使用 CSS 完成所有效果（25 分）	
	布局的协调，CSS 选择器的合理性（10 分）	
	完整性高（5 分）	
教师评语		总评成绩

指导教师：

日期： 年 月 日

根据下表说明，完成实训任务。

任务编号：hcj6-4	实训任务：CSS 网页布局	日期：
姓名：	班级：	学号：

一、任务描述

在网页开发中，使用 DIV+CSS 网页布局完成一个网站页面，内容包含顶部导航和 banner 广告，中间为主内容列表新闻和多个浮动版块。

续表

任务编号：hcj6-4	实训任务：CSS 网页布局	日期：
姓名：	班级：	学号：

二、任务目标

素质目标	1. 具有产权保护意识。 2. 具有较强的团队合作意识。 3. 具有善于思考、深入研究的自主学习习惯。 4. 具有分析问题、总结经验的能力。
知识目标	1. DIV+CSS 网页布局技术。 2. 浏览器各元素的初始值。
能力目标	1. 能够完成两列式的上、中、下布局。 2. 各版块的间距比例及色调协调。 3. 综合运用 CSS 设置整体效果。 4. 自主设计与创新。

三、任务效果

使用 DIV+CSS 网页布局制作的网站页面效果图如下。

续表

任务编号：hcj6-4	实训任务：CSS 网页布局	日期：
姓名：	班级：	学号：

四、任务实施

1. 设计页面顶部、中部和底部三块区域。
2. 根据各区域功能不同，划分顶部和底部为一列式布局，中间为两列式布局。
3. 根据所需内容在 HTML 中分别输入列表、表单和超级链接。
4. 运用 CSS 设置整体效果。
5. 完成所有效果后调试。
6. 进行任务考核。

五、任务考核

	评价内容	得分
自主学习（10 分）	是否通过平台课前提前预习（5 分）	
	查阅资料，完成课前任务（5 分）	
职业素养（15 分）	团队协作精神，完成工作量多少（5 分）	
	学习态度端正，操作认真（5 分）	
	沟通和表达能力（5 分）	
理论掌握情况（20 分）	回答问题全面，思路清晰（10 分）	
	小组讨论积极发言（10 分）	
实践操作能力（55 分）	DIV+CSS 布局（15 分）	
	使用 CSS 完成所有效果（25 分）	
	布局的协调，CSS 选择器的合理性（10 分）	
	完整性高（5 分）	
教师评语		总评成绩

指导教师：

日期： 年 月 日

根据下表说明，完成实训任务。

任务编号：hcj6-5	实训任务：CSS 网页布局	日期：
姓名：	班级：	学号：

一、任务描述

在网页开发中，使用 DIV+CSS 网页布局完成一个网站页面，内容包含顶部导航和 banner 广告，中间为主内容列表新闻和多个浮动版块。

续表

任务编号：hcj6-5	实训任务：CSS 网页布局	日期：
姓名：	班级：	学号：

二、任务目标

素质目标	1. 具有产权保护意识。 2. 具有较强的团队合作意识。 3. 具有善于思考、深入研究的自主学习习惯。 4. 具有分析问题、总结经验的能力。
知识目标	1. DIV+CSS 网页布局技术。 2. 浏览器各元素的初始值。
能力目标	1. 能够完成两列式的上、中、下布局。 2. 各版块的间距比例及色调协调。 3. 综合运用 CSS 设置整体效果。 4. 自主设计与创新。

三、任务效果

使用 DIV+CSS 网页布局制作的网站页面效果图如下。

铜仁地区著名旅游景点

序号	景点名称	地址	景区级别
1	梵净山旅游景区	贵州省铜仁市江口县太平镇梵净山村	5A景区
2	石阡温泉	贵州省铜仁市石阡县	国家风景名胜区
3	松桃苗王城旅游景区	贵州省铜仁市松桃苗族治自县正大乡	4A景区
4	亚木沟风景区	贵州省铜仁市江口县太平镇寨抱村	4A景区
5	沿河乌江山峡风景区	贵州省铜仁市沿河土家族自治县思渠镇	国家水利风景区
6	江口云舍旅游景区	贵州省铜仁市江口县太平镇云舍村	4A景区
7	铜仁古城	贵州省铜仁市碧江区	国家风景名胜利区
8	石阡县佛顶山旅游景区	贵州省铜仁市石阡县汤山镇	4A景区
9	九龙洞	贵州省铜仁市碧江区观音山	国家风景名胜区
10	碧江区大明边城景区	贵州省铜仁市碧江区水晶路水晶阁下游	4A景区
11	玉屏茶花泉旅游景区	贵州省铜仁市玉屏侗族自治县朱家场镇谢桥村	3A景区
12	万山矿山公园	贵州省铜仁市万山区万山镇解放街麻音塘	国家矿山公园

续表

任务编号：hcj6-5	实训任务：CSS 网页布局	日期：
姓名：	班级：	学号：

四、任务实施

1. 设计页面顶部、中部和底部三块区域。
2. 根据各区域功能不同、划分顶部和底部为一列式，中间为两列式布局。
3. 根据所需内容在 HTML 中分别输入列表、表单和超级链接。
4. 运用 CSS 设置整体效果。
5. 完成所有效果后调试。
6. 进行任务考核。

五、任务考核

	评价内容	得分
自主学习 （10 分）	是否通过平台课前提前预习（5 分）	
	查阅资料，完成课前任务（5 分）	
职业素养 （15 分）	团队协作精神，完成工作量多少（5 分）	
	学习态度端正，操作认真（5 分）	
	沟通和表达能力（5 分）	
理论掌握情况 （20 分）	回答问题全面，思路清晰（10 分）	
	小组讨论积极发言（10 分）	
实践操作能力 （55 分）	DIV+CSS 布局（15 分）	
	使用 CSS 完成所有效果（25 分）	
	布局的协调，CSS 选择器的合理性（10 分）	
	完整性高（5 分）	
教师评语		总评成绩

指导教师：

日期： 年 月 日

任务评价

根据下表所列评分要求和准则，结合学习过程中的表现开展自我评价、小组互评、教师评价，对以上三项加权平均，计算出最后得分。

考核项	考核要求		评分准则	配分	自评	互评	师评
基本素养（20分）	学习态度（10分）	按时到课，不早退	缺勤全扣；迟到、早退，一次扣1分	2分			
		课堂专注学习	不做与课堂学习无关的事，违反一次扣2分	4分			
		积极思考、回答问题	根据上课统计情况得分	2分			
		学习用品准备	自己主动准备学习用品并齐全	2分			
	职业道德（10分）	团队合作	主动合作4分，被动合作2分	4分			
		积极进取	主动思考、创新2分	2分			
		高标准、高质量意识	对工作精益求精，4分；对工作认真，2分；其余不得分	4分			
核心技术（40分）	知识点（20分）	1. DIV+CSS网页布局技术 2. 浏览器各元素的初始值	根据在线课程测试情况得1~10分	10分			
			能运用思维导图绘制对应知识结构	10分			
	技能点（20分）	1. 能够完成两列式的上、中、下布局 2. 各版块的间距比例及色调协调 3. 综合运用CSS设置整体效果 4. 自主设计与创新	课上快速、准确明确工作任务要求	10分			
			清晰、准确完成相关操作	10分			
任务完成情况（40分）	按时保质保量完成工作任务（40分）	按时提交	按时提交得10分；迟交得1~5分	10分			
		任务完成度	根据完成情况得1~10分	10分			
		任务准确度	根据准确程度得1~10分	10分			
		团队意识与创新	是否帮助团队成员及是否自主创新，视实际情况得1~10分	10分			
合计				100分			
总分【加权平均（自我评价20%，小组评价30%，教师评价50%）】							
小组组长签字			教师签字				

结合教师、同学的评价及自己在学习过程中的表现，总结自己在本工作领域的主要收获和不足，进行星级评定。

评价内容	主要收获和不足	星级评定
网站开发知识层面		☆☆☆☆☆
网页设计技能层面		☆☆☆☆☆
综合素质层面		☆☆☆☆☆

课后习题

一、填空题

1. 在目前的 Web 开发实践中，普遍采用 CSS 结合_____来实现网页的布局。

2. 盒子由外向内依次是_____。

3. CSS 内边距属性_____用来设置元素内容到元素边框的距离。

4. 盒子还有_____（block box）、_____（inline box）之分，这两种盒子分别是块级元素与内联元素的默认盒状模型。

5. _____是设置元素在其父级元素中如何浮动，clear 是设置元素之上不允许出现浮动元素。

6. "高级"CSS 样式一般应用于_____。

二、选择题

1. CSS 背景属性指的是（   ）。
   A. content 区域的宽和高　　　　B. 设定一个元素的边线
   C. content 和 padding 区域　　　D. 设置一个元素所占空间

2. 常见的块级元素有（   ）等。
   A. div、table　　B. form、fieldset　　C. h1~h6、p、ol　　D. ul、li、hr

3. CSS 外边距属性用来设置一个元素所占空间的边缘到相邻元素之间的距离，使用 margin 属性来设置外边距，其中的"顶外边距"是（   ）。
   A. margin-right　　B. margin-left　　C. margin-top　　D. margin-bottom

4. CSS 内边距属性用来设置元素内容到元素边框的距离。使用 padding 属性来设置内边距，其中，"底内边距"是（   ）。
   A. padding-left　　B. padding-bottom　　C. padding-right　　D. padding-top

5. 内联元素有（　　）等。

　A. input、select　　B. textarea、img　　C. span、a、label　　D. embed、br

6. 设置元素的左外边距为（　　）。

　A. padding-left　　B. margin-left　　C. padding-right　　D. margin-right

7. CSS 尺寸属性指的是 content 内容区域的宽和高。其中，用于设置元素区域无法显示内容时如何处理的是（　　）。

　A. height　　B. br　　C. overflow　　D. width

三、判断题（正确划√；如错误，则划×，并更正）

1. CSS 盒状模型规定盒子由 content、margin、padding、border 4 个部分组成，由盒子的外部到盒子的内部，这 4 个部分的顺序依次是 margin、border、padding、content。（　　）

2. 设置图像垂直平铺，正确的是 background-image：repeat-y。（　　）

3. body｛color：black；｝是 CSS 正确的语法构成。（　　）

四、问答题

1. 谈一谈网页三大部分构成中的"行为"。

2. 谈一谈块级元素与内联元素的不同之处。

单元 7

JavaScript 基础

JavaScript 是一种广泛用于 Web 开发的编程语言。它是一种可以在浏览器中运行的解释型语言，并且可以与 HTML 及 CSS 一起使用，用于创建交互式和动态的网页。JavaScript 在网站开发中发挥着重要作用，它可以增加网站的交互性、动态性和性能，同时，也可以提高用户体验和数据质量。

7.1　JavaScript 简介

7.1.1　JavaScript 概述

（1）JavaScript 是什么样的？

JavaScript 是一门跨平台、面向对象的脚本语言，它能使网页可交互（例如，拥有复杂的动画、可单击的按钮、通俗的菜单等）。另外，还有高级的服务端 JavaScript 版本，例如 Node.js，它可以让用户在网页上添加更多功能（例如，在多台计算机之间的协同合作）。在宿主环境（例如 Web 浏览器）中，JavaScript 能够通过其所连接的环境提供的编程接口进行控制。

（2）JavaScript 是什么样的？

JavaScript 内置了一些对象的标准库，比如数组（Array）、日期（Date）、数学（Math）和一套核心语句，包括运算符、流程控制符及声明方式等。

（3）JavaScript 能够做什么？

JavaScript 的核心部分可以通过添加对象来扩展语言，以适应不同用途，例如：

客户端的 JavaScript 通过提供对象，控制浏览器及其文档对象模型（DOM），来扩展语言核心。例如：客户端的拓展代码允许应用程序将元素放在某个 HTML 表单中，并且支持响应用户事件，比如鼠标单击、表单提交和页面导航。

服务器端的 JavaScript 则通过提供有关在服务器上运行 JavaScript 的对象来扩展语言核心。例如：服务器端版本直接支持应用和数据库通信，提供应用不同调用间的信息连续性，或者在服务器上执行文件操作。

简而言之，JavaScript 可以改变网页及 DOM 的外观与样式。同样地，在服务器上，Node.js 中的 JavaScript 可以对浏览器上编写的代码发出的客户端请求做出响应。

注：Node.js 就是运行在服务器端的 JavaScript。

7.1.2　JavaScript 使用方法

1. 在 HTML 中增加<script> 标签

在 HTML 中，JavaScript 代码必须位于 <script> </script> 标签之间。

例 7.1.2_1.html 代码如下：

```
<html>
    <head>
        <title>JavaScript 的使用</title>
    </head>
    <body>
        <p>此网页显示</p>
        <script>
            alert(' 欢迎你使用 JavaScript！ ');
        </script>
    </body>
</html>
```

运行结果如图 7-1 所示。

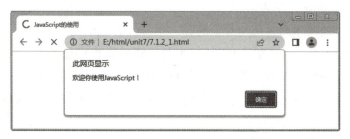

图 7-1　例 7.1.2_1.html 运行结果

例 7.1.2_1.html 中，alert( ) 函数是弹出警告框的函数。旧版本的 JavaScript 标签也许会使用 type 属性：<script type=" text/javascript" >。

2. 在 HTML 中引用其他的 JavaScript 文件

例如：在 7.1.2_2.html 中引用 firstScript.js。

例 7.1.2_2.html 代码如下：

```
<html>
    <head>
        <title>JavaScript 的使用</title>
    </head>
    <body>
        <p>此网页显示</p>
        <script src="firstScript.js">
```

```
        </script>
    </body>
</html>
```

firstScript.js 的代码如下：

```
alert('欢迎你使用 JavaScript！这句代码在 firstScript.js 中');
```

运行结果如图 7-2 所示。

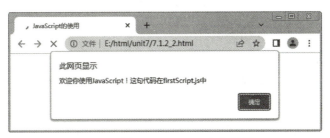

图 7-2　例 7.1.2_2.html 运行结果

Script 引用外部 JS 文件，在<script>标签中设置"src"属性的值，来引用 JS 文件。"src"属性值是相对路径。

3. 在 HTML 中头部使用<script>标签

上述两个例子中，JavaScript 的标签都位于网页的<body></body>标签之间，JavaScript 的标签例<script>也可以位于网页的头部<head></head>标签之间，例如 7.1.2_3.html。

例 7.1.2_3.html 代码如下：

```
<html>
    <head>
        <title>JavaScript 的使用</title>
        <script>
            alert('欢迎你使用 JavaScript！本标签位于 head 中');
        </script>
    </head>
    <body>
        <p>此网页显示</p>
    </body>
</html>
```

运行结果如图 7-3 所示。

将 JS 标签放在 head 或者 body 标签中，加载的顺序不一样，body 部分中的 JS 会在页面加载的时候被执行，head 部分中的 JS 在被调用的时候才执行，但是在主页和其余部分代码之前预先装载。

可以把 HTML 上往下加载的。放在 head 中会首先加载 JS 码，在网速慢的情况下，把 JS 代码放在 body 底部，用户会先看到网页结构，等 JS 加载完成后才出现特效。

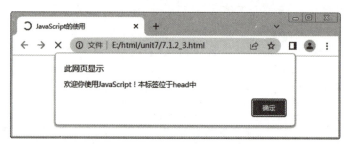

图 7-3　例 7.1.2_3.html 运行结果

注意

JavaScript 应放在哪里？

① head 部分中的脚本：需调用才执行的脚本或事件触发执行的脚本放在 HTML 的 head 部分中。当把脚本放在 head 部分中时，可以保证脚本在任何调用之前被加载，从而可使代码的功能更强大。比如对 *.js 文件的提前调用。也就是说，把代码放在 head 区，在页面载入的时候，就同时载入了代码，在 body 区调用时就不需要再载入代码了，速度就提高了，这种区别在小程序上是看不出的，当运行很复杂的程序时，就可以看出来了。

② body 部分中的脚本：当页面被加载时，立即执行的脚本放在 HTML 的 body 部分。放在 body 部分的脚本通常被用来生成页面的内容。

body 和 head 部分可同时有脚本：可在文件中放无数的脚本，因此，文件中可以在 body 和 head 部分同时存在脚本。

③ 如果把 JavaScript 放在 head 中，则先被解析，但这时 body 还没有解析。

常规 HTML 结构都是 head 在前，body 在后，如果 head 的 JS 代码需要传入一个参数（在 body 中调用该方法时，才会传入参数），并需调用该参数进行一系列的操作，那么这时肯定就会报错，因为函数的该参数未定义（undefined）。

④ 从 JavaScript 对页面下载性能方面考虑，由于脚本会阻塞其他资源的下载（如图片等）和页面渲染，直到脚本全部下载并执行完成后，页面的渲染才会继续，因此，推荐将所有的 script 标签尽可能放到 body 标签的底部，以尽量减少对整个页面下载的影响。

7.1.3　JavaScript 的输出方式

1. JavaScript 弹窗

在 JavaScript 中，有三种消息框：警告框、确认框、提示框。

1) 警告框

警告框经常用于确保用户可以得到某些信息。

当警告框出现后，用户需要单击"确定"按钮才能继续进行操作。

使用 alert() 弹出警告框来显示数据，前边的 JS 例子即使用此种方式。部分代码也会使用 window.alert()，使用起来没有区别。

注意

所有以"window."开始的内容，都可以直接把"window."省略，只是有些编程软件在用户写了"window."时会自动出现window的方法,因此,如果你记得住这些方法,那么完全没必要写"window."。本教材后续代码均省略"window."。

2)确认框

在JavaScript中使用window.confirm()弹出确认框。确认框通常用于验证是否接受用户操作。

当弹出确认框时,用户可以单击"确定"或者"取消"按钮来确定用户操作。

例7.1.3_1.html代码如下:

```html
<html>
    <head>
        <title>JavaScript的使用</title>
        <script>
            var con=confirm('欢迎你使用JavaScript的确认框!');
            if(con==true){
                alert("你单击了确定按钮");
            }else{
                alert("你单击了取消按钮");
            }
        </script>
    </head>
    <body>
    <p>此网页显示</p>
    </body>
</html>
```

运行结果如图7-4所示。

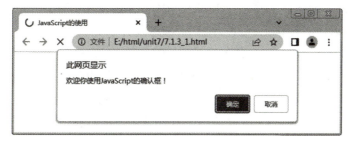

图7-4 例7.1.3_1.html运行结果

对于confirm()确认框,当用户单击"确定"按钮时,返回值为true;单击"取消"按钮时,返回值为false。

3)提示框

JavaScript中使用window.prompt()作为提示框。用于提示用户在进入页面前输入某个值。

当提示框出现后，用户需要输入某个值，然后单击"确定"或"取消"按钮才能继续操作。

例 7.1.3_2.html 代码如下：

```
<html>
    <head>
        <title>JavaScript 的使用</title>
        <script>
            var wether=prompt("请输入今天的天气","晴天");
            alert("今天的天气是:"+wether);
        </script>
    </head>
    <body>
        <p>此网页显示</p>
    </body>
</html>
```

运行结果如图 7-5 所示。

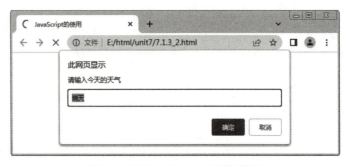

图 7-5 例 7.1.3_2.html 运行结果

用户在提示框中输入值，单击"确定"按钮，则返回值为用户输入的信息；若单击"取消"按钮，则返回值为 null。null 为空，不同于空字符。

2. 使用 document.write( ) 方法将内容写到 HTML 文档中

在 JavaScript 中使用 document.write( ) 方法将内容写到 HTML 文档中。

例 7.1.3_3.html 代码如下：

```
<html>
    <head>
        <title>使用 document.write()方法</title>
    </head>
    <body>
        <p id="p1">这是 html 的第一段</p>
        <script>
            document.write("这是 JavaScript 直接写入内容");
```

```
        </script>
    </body>
</html>
```

运行结果如图 7-6 所示。

图 7-6　例 7.1.3_3.html 运行结果

document.write()仅仅向文档输出写内容。如果在文档已完成加载后执行 document.write,则整个 HTML 页面将被覆盖。

3. 使用 innerHTML 写入 HTML 元素

在 JavaScript 中使用 innerHTML 来修改某个元素的内容。

例 7.1.3_4.html 代码如下:

```
<html>
    <head>
        <title>innerHTML 的使用</title>
    </head>
    <body>
        <p id="p1">这是 html 的第一段</p>
        <p id="p2"></p>
        <script>
            document.getElementById("p1").innerHTML = "正文中段落内容已修改。";
            document.getElementById("p2").innerHTML = "这是 html 的第二段"
        </script>
    </body>
</html>
```

运行结果如图 7-7 所示。

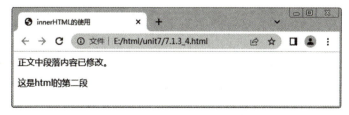

图 7-7　例 7.1.3_4.html 运行结果

在 JavaScript 中访问某个 HTML 元素时，可以使用 document.getElementById(id) 方法。使用"id"属性来标识 HTML 元素，并用 innerHTML 来获取或插入元素内容。

4. 使用 console.log( ) 写入浏览器的控制台

在 JavaScript 中使用 console.log( ) 写入浏览器的控制台，在浏览器页面中并不会显示，通常是程序员在编程、测试期间需要观察数据的时候使用。

例 7.1.3_5.html 代码如下：

```
<html>
    <head>
        <title>使用 console.log()方法</title>
    </head>
    <body>
        <p id="p1">这是 html 的第一段</p>
        <p id="p2"></p>
        <script>
            console.log("这是在控制台输出的信息");
        </script>
    </body>
</html>
```

运行结果如图 7-8 所示。

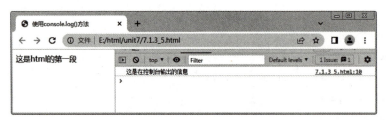

图 7-8　例 7.1.3_5.html 运行结果

图 7-8 左侧为网页内容，右侧是控制台输出内容，不同的浏览器查看控制台的方式不同。一般使用快捷键 F12 进入开发者模式，可找到控制台。

7.2　JavaScript 基本语法

JavaScript 作为一种编程语言，是弱类型的脚本语言，有自己的一套规则，称为 JavaScript 语法，它定义了 JavaScript 的语言结构。

7.2.1　常量和变量

1. 常量

JavaScript 中的常量有 9 种数据类型，分别为字符串（String）、数字（Number）、布尔

（Boolean）、空（Null）、未定义（Undefined）、Symbol、对象（Object）、数组（Array）、函数（Function）。

2. 变量

标识符是名称。在 JavaScript 中，标识符用于命名变量以及关键词、函数、标签。

因为 JavaScript 是弱类型的脚本语言，所以使用变量之前无须定义，直接使用即可。JavaScript 支持以下两种方式来引入变量。

（1）隐式定义：直接给变量赋值。

例 7.2.1_1.html 代码如下：

```
<html>
    <head>
        <title>变量的隐式定义</title>
    </head>
    <body>
        <p id="p1">这是 html 的第一段</p>
        <script>
            a=2;
            b=5;
            c=a+b;
            document.write(c);
        </script>
    </body>
</html>
```

运行结果如图 7-9 所示。

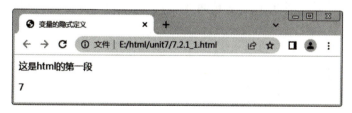

图 7-9　例 7.2.1_1.html 运行结果

代码中的变量 a、b、c 均为隐式定义，需要时直接使用变量即可。

（2）显式定义：使用 var 关键字定义变量。

```
var varname;
```

例 7.2.1_2.html 代码如下：

```
<html>
    <head>
        <title>变量的显式定义</title>
```

```
        </head>
        <body>
            <p id="p1">这是 html 的第一段</p>
            <script>
                vara=2;
                varb=5;
                varc=a+b;
                document. write(c);
            </script>
        </body>
</html>
```

运行结果如图 7-10 所示。

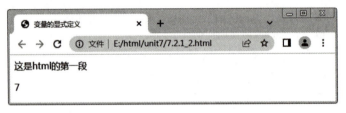

图 7-10 例 7.2.1_2. html 运行结果

代码中的变量 a、b、c 均为显式定义，使用关键字 var 定义变量。

（3）变量命名规则：

● 所有的标识符都应该以字母（A～Z 或者 a～z）、美元符（$）或下划线（_）开始。

● 首字符之后可以是字母（A～Z 或者 a～z）、美元符（$）、下划线（_）或数字的任何字符组合。

● JavaScript 保留关键字不能用作标识符。

JavaScript 的保留关键字见表 7-1。

表 7-1 JavaScript 的保留关键字

类别	保留关键字	说明
JavaScript 标准	abstract、arguments、boolean、break、byte、case、catch、char、class *、const、continue、debugger、default、delete、do、double、else、enum *、eval、export *、extends *、ALSE、final、finally、float、for、function、goto、if、implements、import *、in、instanceof、int、interface、let、long、native、new、null、package、private、protected、ublic、return、short、static、super *、switch、synchronized、this、throw、throws、transient、TRUE、try、typeof、var、void、volatile、while、with、yield	*标记的关键字是 ECMAScript5 中新添加的

续表

类别	保留关键字	说明
JavaScript 对象、属性和方法	Array、Date、eval、function、hasOwnProperty、Infinity、isFinite、isNaN、isPrototypeOf、length、Math、NaN、name、Number、Object、prototype、String、toString、undefined、valueOf	
Java 保留关键字	getClass、java、JavaArray、javaClass、JavaObject、JavaPackage	JavaScript 经常与 Java 一起使用，应该避免一起使用
Windows 保留关键字	alert、all、anchor、anchors、area、assign、blur、button、checkbox、clearInterval、clearTimeout、clientInformation、close、closed、confirm、constructor、crypto、decodeURI、decodeURIComponent、defaultStatus、document、element、elements、embed、embeds、encodeURI、encodeURIComponent、escape、event、fileUpload、focus、form、forms、frame、innerHeight、innerWidth、layer、layers、link、location、mimeTypes、navigate、navigator、frames、frameRate、hidden、history、image、images、offscreenBuffering、open、opener、option、outerHeight、outerWidth、packages、pageXOffset、pageYOffset、parent、parseFloat、parseInt、password、pkcs11、plugin、prompt、propertyIsEnum、radio、reset、screenX、screenY、scroll、secure、select、self、setInterval、setTimeout、status、submit、taint、text、textarea、top、unescape、untaint、window	在 HTML 中，必须（为了可移植性）避免使用 HTML 和 Windows 对象及属性的名称
HTML 事件句柄	onblur、onclick、onerror、onfocus、onkeydown、onkeypress、onkeyup、onmouseover、onload、onmouseup、onmousedown、onsubmit	避免使用 HTML 事件句柄的名称作为 JavaScript 的变量及函数名
非标准 JavaScript	Const	Const 是 JavaScript 的扩展。但是它并不是 JavaScript 标准 ES3 或 ES5 的组成部分。建议不要使用它

7.2.2 表达式和运算符

1. 表达式

表达式是由运算元和运算符（可选）构成的，并产生运算结果的语法结构。
简单的表达式就是一个直接量、常量或变量，见表 7-2。

表 7-2 简单表达式

表达式	说明
1	数值直接量，计算后返回数值 1
string	字符串直接量，计算后返回字符串 "string"
false	布尔直接量，计算后返回布尔值 false
null	特殊值直接量，计算后返回直接量 null

续表

表达式	说明
regexp	正则直接量，计算后返回正则表达式对象
{a:1,b:"1"}	对象直接量，计算后返回对象
[1,"1"]	数组直接量，计算后返回数组
function(a,b){return a+b}	函数直接量，计算后返回函数
a	变量，计算后返回变量的值

以上表达式是最原始的表达式，一般很少单独使用。使用运算符把一个或多个简单的表达式连接起来，可以构成复杂的表达式。复杂的表达式还可以嵌套组成更复杂的表达式。但是，不管表达式的形式多么复杂，最后都要求返回唯一的值。

2. 运算符

运算符是执行某种操作的符号，例如，加号（+）表示执行加法运算，减号（-）表示执行减法运算等。在 JavaScript 中，运算符根据功能不同，主要分为算术运算符、赋值运算符、字符串运算符、比较运算符、逻辑运算符、三元运算符以及位运算符。

1）算术运算符

算术运算符是对数字型的数据进行计算，说明见表 7-3。

表 7-3 算术运算符

运算符	说明	运算符	说明
+	加	%	取模、求余数（保留整数）
-	减	++	自加
*	乘	--	自减
/	除		

2）赋值运算符

以 x=1，y=2 为例说明赋值运算符的使用，见表 7-4。

表 7-4 赋值运算符的使用

运算符	例子	等价于	结果
=	x=y		x=2
+=	x+=y	x=x+y	x=3
-=	x-=y	x=x-y	x=-1
*=	x*=y	x=x*y	x=2
/=	x/=y	x=x/y	x=0
%=	x%=y	x=x%y	x=1

3）字符串运算符

在 JavaScript 中，"+"也是字符串运算符，用它进行字符串的连接运算。

例 7.2.2_1.html 代码如下：

```
<html>
    <head>
        <title>字符串运算符</title>
    </head>
    <body>
        <p id="p1">这是 html 的第一段</p>
        <script>
            var a="你好";
            var b="JavaScript";
            var c=5;
            var d=a+b+"<br>";
            var e=a+c;
            document.write(d);
            document.write(e);
        </script>
    </body>
</html>
```

运行结果如图 7-11 所示。

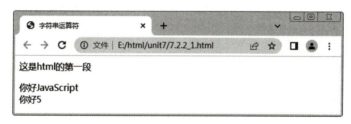

图 7-11　例 7.2.2_1.html 运行结果

在 JavaScript 中，字符串运算仅能使用"+"，不能使用"*"。"+"运算符用于把文本值或字符串变量加起来（连接起来），字符串和数字相加，数字会转变为字符串运算。

4）比较运算符

比较运算符在逻辑语句中使用，用来判定变量或值是否相等。运算的结果为布尔值。见表 7-5。

表 7-5　比较运算符

运算符	说明	运算符	说明
==	等于	<	小于
===	全等（值和类型）	>=	大于或等于
!=	不等于	<=	小于或等于
>	大于		

5）逻辑运算符

逻辑运算符用在两个布尔表达式之间，见表 7-6。

表 7-6　逻辑运算符

运算符	说明
&&	and，表示并且的意思，两边都为真时，结果为真
||	or，表示或者的意思，两边有一个为真，则结果为真
!	not，表示非，用在布尔表达式之前

6）三元运算符

三元运算符也称为条件运算符，由"?"和":"共同组成。符号"?"前边的表达式的值是布尔型，其结果为真时，执行":"前的语句，否则，执行":"后的语句。语法如下：

```
variable name=condition? value1:value2
```

例 7.2.2_2.html 代码如下：

```
<html>
    <head>
        <title>三元运算符</title>
    </head>
    <body>
        <p id="p1">这是 html 的第一段</p>
        <script>
            var x = 5,y = 10;
            x > y ? document.write("x 大于 y") :  document.write("x 小于 y");
        </script>
    </body>
</html>
```

运行结果如图 7-12 所示。

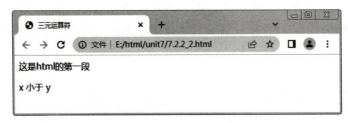

图 7-12　例 7.2.2_2.html 运行结果

7）位运算符

位运算符用来对二进制位进行操作，JavaScript 中支持的位运算符见表 7-7。

表 7-7 位运算符

运算符	说明
&	按位与：如果对应的二进制位都为 1，则该二进制位为 1
|	按位或：如果对应的二进制位有一个为 1，则该二进制位为 1
^	按位异或：如果对应的二进制位只有一个为 1，则该二进制位为 1
~	按位非：反转所有二进制位，即 1 转换为 0，0 转换为 1
<<	按位左移：将所有二进制位统一向左移动指定的位数，并在最右侧补 0
>>	按位右移（有符号右移）：将所有二进制位统一向右移动指定的位数，并复制最左侧的位来填充左侧
>>>	按位右移零（无符号右移）：将所有二进制位统一向右移动指定的位数，并在最左侧补 0

8）JavaScript 的运算符优先级

运算符的执行顺序称为运算符的优先级，优先级高的运算符先于优先级低的运算符执行运算。见表 7-8。

表 7-8 位运算符

级别	运算符	说明
1	.、[ ]、( )	字段访问、数组下标、函数调用及表达式分组
2	++、--、-、~、!、delete、new、typeof、void	一元运算符、返回数据类型、对象创建、未定义值
3	*、/、%	乘法、除法、取模
4	+、-	加法（字符串连接）、减法
5	<<、>>、>>>	移位
6	<、<=、>、>=	小于、小于等于、大于、大于等于
7	==、!=、===、!==	等于、不等于、严格相等、非严格相等
8	&	按位与
9	^	按位异或
10	|	按位或
11	&&	逻辑与
12	||	逻辑或
13	?:	条件
14	=	赋值
15	,	多重求值

7.2.3 流程控制

在程序执行的过程中，代码的执行顺序直接影响程序的结果。在实际情况中，要通过控制代码的执行顺序来实现功能，简单来说，流程控制用于控制代码的执行顺序。

在 JavaScript 中，流程控制主要有三种结构，分别是顺序结构、选择结构和循环结构。

1. 顺序结构

顺序结构是程序中最简单、最基本的流程控制，它没有特定的语法结构，程序会按照代码的先后顺序依次执行，程序中大多数的代码都是这样执行的。

2. 选择结构

由上到下执行代码的过程中，根据不同的条件，选择执行不同的路径代码（执行代码多选一的过程），从而得到不同的结果。

在 JavaScript 中，使用 if-else-if、switch 语句来构造选择结构。

例 7.2.3_1.html 代码如下：

```html
<html>
    <head>
        <title>选择结构</title>
    </head>
    <body>
        <script>
            var score=88;
            if(score>=60){
                document.write("该学生的分数及格");
            }else{
                document.write("该学生的分数不及格");
            }
        </script>
    </body>
</html>
```

运行结果如图 7-13 所示。

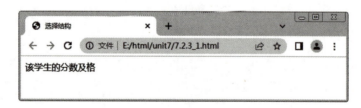

图 7-13　例 7.2.3_1.html 运行结果

3. 循环结构

在编写代码时，常常希望反复执行同一段代码，例如，遍历一些数据、重复输出某个字符串等。可以使用循环来完成这个功能，这样就不用重复写相同的代码，从而可以减轻编程压力，避免代码冗余，提高开发效率，方便后期维护。

在 JavaScript 中使用 while 循环、do-while 循环及 for 循环。

例 7.2.3_2.html 代码如下：

```
<html>
    <head>
        <title>循环结构</title>
    </head>
    <body>
        <script>
            var i=10;
            while(i>0){
                document.write(i+"<br>");
                i=i-1;
            }
        </script>
    </body>
</html>
```

运行结果如图 7-14 所示。

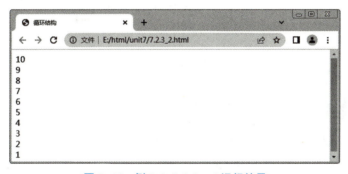

图 7-14 例 7.2.3_2.html 运行结果

7.2.4 函数

JavaScript 函数是被设计为执行特定任务的代码块。将脚本编写为函数，就可以避免页面载入时执行该脚本。函数只有在被事件激活或者被调用时才会执行。

可以在页面中的任何位置调用脚本，如果函数嵌入一个外部的 .js 文件，那么可以从其他的页面中调用。

一般情况下，函数在页面起始位置定义，即定义在 <head> 部分。

例 7.2.4.html 代码如下：

```
<!DOCTYPE html>
<html>
    <head>
        <title>函数</title>
```

```
            <script>
                function doclick(){
                    alert("您单击了'单击'按钮!");
                }
            </script>
        </head>
        <body>
            <input type="button" id="btn" value="单击" onclick="doclick()">
        </body>
    </html>
```

运行结果如图 7-15 所示。

图 7-15　例 7.2.4.html 运行结果

7.2.5　对象

JavaScript 是一种面向对象的编程语言,在 JavaScript 中,几乎所有的内容都是对象。因此,要想有效地使用 JavaScript,首先需要了解对象的工作原理以及如何创建并使用对象。

可以将对象看作一个属性的无序集合,每个属性都有一个名称和值(键/值对)。通过"7.2.1 常量和变量"一节可知,数组是值的集合,每个值都有一个数字索引(从零开始,依次递增)。对象类似于数组,不同的是,对象中的索引是自定义的,例如 name(姓名)、age(年龄)、gender(性别)等。

7.3　JavaScript 的事件

HTML 事件是发生在 HTML 元素上的"事情",当事件发生时,用户会希望做某件事。在 HTML 页面中使用 JavaScript 时,JavaScript 能够执行代码"应对"这些事件。也就是通过 JavaScript 代码,HTML 允许向 HTML 元素添加事件处理程序。JavaScript 的常见事件及说明见表 7-9。

表 7-9 JavaScript 的常见事件及说明

事件	描述
onchange	HTML 元素已被改变
onclick	用户单击了 HTML 元素
onmouseover	用户把鼠标移动到 HTML 元素上
onmouseout	用户把鼠标从 HTML 元素上移开
onkeydown	用户按下键盘按键
onload	当用户进入页面时，就会触发 onload 事件
onunload	当用户离开页面时，就会触发 onunload 事件
onMouseOver	在鼠标指针移动到指定的元素上时发生
onMouseOut	鼠标从某元素上移开
onDblClick	当鼠标双击某元素时发生
其他常用事件	表单事件：onblur 事件在元素失去焦点时触发，onchange 事件在表单元素的内容改变时触发，onfocus 事件在元素获取焦点时触发

7.4 浏览器的内部对象

7.4.1 window 对象

window 对象表示浏览器中打开的窗口，是客户端浏览器对象模型的基类。window 对象是客户端 JavaScript 的全局对象。

如果文档包含框架（<frame> 或 <iframe> 标签），浏览器会为 HTML 文档创建一个 window 对象，并为每个框架创建一个额外的 window 对象。也就是说，浏览器窗口中的每个框架都包含一个 window 对象。window 对象的属性及说明见表 7-10。

表 7-10 window 对象的属性及说明

属性	描述
closed	返回窗口是否已被关闭
defaultStatus	设置或返回窗口状态栏中的默认文本
document	对 document 对象的只读引用（请参阅对象）
frames	返回窗口中所有命名的框架。该集合是 window 对象的数组，每个 window 对象在窗口中含有一个框架
history	对 history 对象的只读引用
innerHeight	返回窗口的文档显示区的高度
innerWidth	返回窗口的文档显示区的宽度
localStorage	在浏览器中存储 key/value 对。没有过期时间
length	设置或返回窗口中的框架数量

续表

属性	描述
location	用于窗口或框架的 location 对象
name	设置或返回窗口的名称
navigator	对 navigator 对象的只读引用
opener	返回对创建此窗口的引用
outerHeight	返回窗口的外部高度，包含工具条与滚动条
outerWidth	返回窗口的外部宽度，包含工具条与滚动条
pageXOffset	设置或返回当前页面相对于窗口显示区左上角的 X 位置
pageYOffset	设置或返回当前页面相对于窗口显示区左上角的 Y 位置
parent	返回父窗口
screen	对 screen 对象的只读引用
screenX	返回相对于屏幕窗口的 x 坐标
sessionStorage	在浏览器中存储键/值对。在关闭窗口或标签页之后，将会删除这些数据
screenY	返回相对于屏幕窗口的 y 坐标
self	返回对当前窗口的引用。等价于 window 属性
status	设置窗口状态栏的文本
top	返回最顶层的父窗口

7.4.2 navigator 对象

navigator 对象包含了有关浏览器的信息。通过 window.navigator 可以引用该对象，并利用它的属性来读取客户端基本信息。navigator 对象的属性及说明见表 7-11。

表 7-11 navigator 对象的属性及说明

属性	描述
appCodeName	返回浏览器的代码名
appName	返回浏览器的名称
appVersion	返回浏览器的平台和版本信息
cookieEnabled	返回指明浏览器中是否启用 cookie 的布尔值
platform	返回运行浏览器的操作系统平台
userAgent	返回由客户机发送服务器的 user-agent 头部的值

7.4.3 document 对象

当浏览器载入 HTML 文档时，它就会成为 document 对象。document 对象是 HTML 文档的根节点，因此可以从脚本中对 HTML 页面中的所有元素进行访问。document 对象的属性及说明见表 7-12。

表 7-12　Document 对象的属性及说明

属性	描述
document.activeElement	返回当前获取的焦点元素
document.addEventListener()	向文档添加句柄
document.adoptNode(node)	从另外一个文档返回 adapded 节点到当前文档
document.anchors	返回对文档中所有 Anchor 对象的引用
document.applets	返回对文档中所有 Applet 对象的引用 注意：HTML5 已不支持 applet 元素
document.baseURI	返回文档的绝对基础 URI
document.body	返回文档的 body 元素
document.close()	关闭用 document.open() 方法打开的输出流，并显示选定的数据
document.cookie	设置或返回与当前文档有关的所有 cookie
document.createAttribute()	创建一个属性节点
document.createComment()	createComment() 方法可创建注释节点
document.createDocumentFragment()	创建空的 DocumentFragment 对象，并返回此对象
document.createElement()	创建元素节点
document.createTextNode()	创建文本节点
document.doctype	返回与文档相关的文档类型声明（DTD）
document.documentElement	返回文档的根节点
document.documentMode	返回用于通过浏览器渲染文档的模式
document.documentURI	设置或返回文档的位置
document.domain	返回当前文档的域名
document.domConfig	已废弃。返回 normalizeDocument() 被调用时所使用的配置
document.embeds	返回文档中所有嵌入的内容（embed）集合
document.forms	返回对文档中所有 Form 对象的引用
document.getElementsByClassName()	返回文档中所有指定类名的元素集合，作为 NodeList 对象
document.getElementById()	返回对拥有指定 id 的第一个对象的引用
document.getElementsByName()	返回带有指定名称的对象集合
document.getElementsByTagName()	返回带有指定标签名的对象集合
document.images	返回对文档中所有 Image 对象的引用
document.implementation	返回处理该文档的 DOMImplementation 对象
document.importNode()	把一个节点从另一个文档复制到该文档以便应用
document.inputEncoding	返回用于文档的编码方式（在解析时）
document.lastModified	返回文档最后被修改的日期和时间
document.links	返回对文档中所有 Area 和 Link 对象的引用
document.normalize()	删除空文本节点，并连接相邻节点
document.normalizeDocument()	删除空文本节点，并连接相邻节点
document.open()	打开一个流，以收集来自任何 document.write() 或 document.writeln() 方法的输出
document.querySelector()	返回文档中匹配指定的 CSS 选择器的第一元素

续表

属性	描述
document.querySelectorAll()	document.querySelectorAll() 是 HTML5 中引入的新方法，返回文档中匹配的 CSS 选择器的所有元素节点列表
document.readyState	返回文档状态（载入中……）
document.referrer	返回载入的当前文档的 URL
document.removeEventListener()	移除文档中的事件句柄（由 addEventListener() 方法添加）
document.renameNode()	重命名元素或者属性节点
document.scripts	返回页面中所有脚本的集合
document.strictErrorChecking	设置或返回是否强制进行错误检查
document.title	返回当前文档的标题
document.URL	返回文档完整的 URL
document.write()	向文档写 HTML 表达式或 JavaScript 代码
document.writeln()	等同于 write() 方法，不同的是，在每个表达式之后写一个换行符

7.4.4 location 对象

location 对象包含有关当前 URL 的信息。

location 对象是 window 对象的一部分，可通过 window.location.xxx 格式的相关属性对其进行访问。见表 7-13。

表 7-13 location 对象及说明

属性	描述	属性	描述
hash	返回一个 URL 的锚部分	pathname	返回 URL 的路径名
host	返回一个 URL 的主机名和端口	port	返回一个 URL 服务器使用的端口号
hostname	返回 URL 的主机名	protocol	返回一个 URL 协议
href	返回完整的 URL	search	返回一个 URL 的查询部分

7.4.5 history 对象

history 对象包含用户（在浏览器窗口中）访问过的 URL。

history 对象是 window 对象的一部分，可通过 window.history 属性对其进行访问。见表 7-14。

表 7-14 history 对象及说明

属性/方法	描述	属性/方法	描述
length	返回历史列表中的网址数	forward	加载 history 列表中的下一个 URL
back	加载 history 列表中的前一个 URL	go	加载 history 列表中的某个具体页面

单元实训

通过本单元的学习，掌握了 JavaScript 的基础语法，能够使用 JavaScript 编写简单的程序。

JavaScript 的基础语法包括变量（使用 var、let 或 const 声明）、数据类型（例如，字符串、数字、布尔值、数组、对象等）、操作符（如算术操作符、比较操作符、逻辑操作符等）、控制结构（如 if-else、for 和 while 循环等）以及函数（使用 function 关键字定义）。

DOM 操作：JavaScript 可以用来操作网页的 DOM，即文档对象模型。DOM 允许访问和修改 HTML 元素与属性。例如，可以使用 document.getElementById() 或 document.querySelector() 来获取元素，然后修改其属性（如 innerHTML、className 等）或添加/删除事件监听器。

事件处理：JavaScript 可以用来处理用户与网页交互的事件，例如，单击（click）、鼠标移动（mousemove）、键盘按键（keydown）等。事件处理程序可以通过在 HTML 元素上设置事件监听器（如 element.addEventListener()）来添加。

以上只是 JavaScript 的一部分基础知识。随着同学们在开发中的深入学习，可能会接触到更多的概念、特性和库。在学习 JavaScript 的过程中，实践是最好的方式，尽量多写代码，并从错误中学习。

具体实训开展任务安排见任务工单和任务评价。

任务工单

根据下表说明，完成实训任务。

任务编号：hcj7-1		实训任务：使用 JavaScript 完成登录程序	日期：
姓名：		班级：	学号：
一、任务描述 根据所学的 JavaScript 知识为网站设置验证，当用户名和密码输入正确时，跳转至网站首页，并显示用户名。			
二、任务目标			
素质目标	1. 明白开源的重要意义。 2. 具有较强的团队合作意识。 3. 具有善于思考、深入研究的自主学习习惯。 4. 具有分析问题、总结经验的能力。		
知识目标	1. JavaScript 的基础语法。 2. JavaScript 的 DOM 操作。 3. JavaScript 的事件处理。		
能力目标	1. 能够在网站登录页面添加 JavaScript 程序。 2. 使用 JavaScript 获取页面元素及用户输入。 3. 自主设计登录用户名与密码的验证规则。 4. 完成页面的登录按钮事件处理，实现页面跳转功能。		

续表

任务编号：hcj7-1	实训任务：使用 JavaScript 完成登录程序	日期：
姓名：	班级：	学号：

三、任务效果

1. 网站页面登录功能效果图如下。

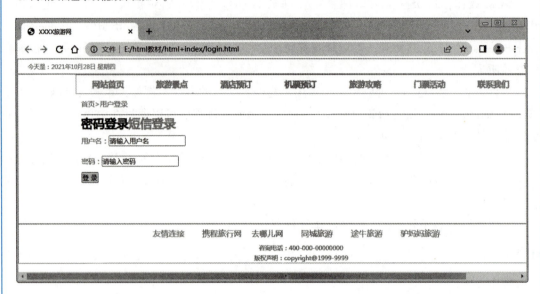

2. 校验用户名是否符合规则，如不符合规则，则进行提示。

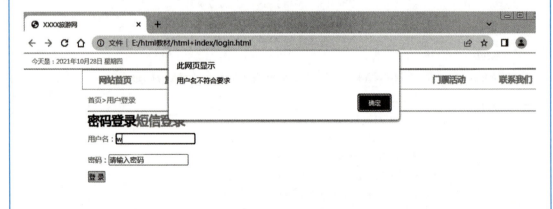

3. 输入用户名和密码后校验，校验成功后，跳转到主页，显示用户名。

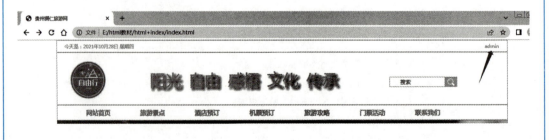

单元 7　JavaScript 基础

续表

任务编号：hcj7-1		实训任务：使用 JavaScript 完成登录程序	日期：
姓名：		班级：	学号：

四、任务实施

1. 在网站主页上添加 JavaScript 程序代码，单击页面上的"登录"按钮，弹出登录功能页面。
2. 在登录页面上添加 JavaScript 程序代码，获取用户输入的用户名及密码，校验输入是否符合规则。
3. 校验用户名和密码是否正确。
4. 用户名及密码输入正确后，返回网站主页，网站主页右上角显示用户名。
5. 完成所有效果后进行调试。

五、任务考核

评价内容		得分
自主学习 （10 分）	是否通过平台课前提前预习（5 分）	
	查阅资料，完成课前任务（5 分）	
职业素养 （15 分）	团队协作精神，完成工作量多少（5 分）	
	学习态度端正，操作认真（5 分）	
	沟通和表达能力（5 分）	
理论掌握情况 （20 分）	回答问题全面，思路清晰（10 分）	
	小组讨论积极发言（10 分）	
实践操作能力 （55 分）	在网站主页弹出登录页面（15 分）	
	在登录页面上完成用户名和密码的校验（25 分）	
	返回网站主页，显示用户名（10 分）	
	代码规范，完成度高（5 分）	
教师评语		总评成绩

指导教师：

日期：　　年　　月　　日

任务评价

根据下表所列评分要求和准则，结合学习过程中的表现开展自我评价、小组互评、教师评价，对以上三项加权平均，计算出最后得分。

考核项		考核要求	评分准则	配分	自评	互评	师评
基本素养 (20分)	学习态度 (10分)	按时到课，不早退	缺勤全扣；迟到、早退，一次扣1分	2分			
		课堂专注学习	不做与课堂学习无关的事，违反一次扣2分	4分			
		积极思考、回答问题	根据上课统计情况得分	2分			
		学习用品准备	自己主动准备学习用品并齐全	2分			
	职业道德 (10分)	团队合作	主动合作4分，被动合作2分	4分			
		积极进取	主动思考创新2分	2分			
		高标准、高质量意识	对工作精益求精，4分； 对工作认真，2分；其余不得分	4分			
核心技术 (40分)	知识点 (20分)	1. JavaScript的基础语法 2. JavaScript的DOM操作 3. JavaScript的事件处理	根据在线课程测试情况得1～10分	10分			
			能运用思维导图绘制对应知识结构	10分			
	技能点 (20分)	1. 能够在网站登录页面添加JavaScript程序 2. 使用JavaScript获取页面元素及用户输入 3. 自主设计登录用户名与密码的验证规则 4. 完成页面的登录按钮事件处理，实现页面跳转功能	课上快速、准确明确工作任务要求	10分			
			清晰、准确完成相关操作	10分			
任务完成情况 (40分)	按时保质保量完成工作任务 (40分)	按时提交	按时提交得10分；迟交得1～5分	10分			
		任务完成度	根据完成情况得1～10分	10分			
		任务准确度	根据准确程度得1～10分	10分			
		团队意识与创新	是否帮助团队成员及是否自主创新，视实际情况得1～10分	10分			
合计				100分			
总分【加权平均（自我评价20%，小组评价30%，教师评价50%）】							
小组组长签字			教师签字				

结合教师、同学的评价及自己在学习过程中的表现，总结自己在本工作领域的主要收获和不足，进行星级评定。

评价内容	主要收获和不足	星级评定
网站开发知识层面		☆☆☆☆☆
网页设计技能层面		☆☆☆☆☆
综合素质层面		☆☆☆☆☆

课后习题

一、填空题

1. 在 HTML 中增加<script>标签时，JavaScript 代码必须位于<script>与_____标签之间才有效。

2. 在 JavaScript 中使用 window.confirm( ) 弹出确认框，确认框通常用于_____。

3. 对于 confirm( ) 确认框，当用户单击"确定"按钮时，返回值为_____；单击"取消"按钮时，返回值为 false。

4. JavaScript 中使用 window.prompt( ) 作为提示框，用于提示用户在进入页面前输入某个值，单击"确定"按钮，则返回值为用户输入的信息，若单击"取消"按钮，则返回值为_____。

5. 在 JavaScript 中使用_____写入浏览器的控制台，在浏览器页面中并不会显示，通常是程序员在编程、测试期间需要观察数据的时候使用。

6. JavaScript 作为一种编程语言，是弱类型的脚本语言，有自己的一套规则，称为_____，它定义了 JavaScript 的语言结构。

7. _____是由运算元和运算符（可选）构成的，并产生运算结果的语法结构。

8. 在 JavaScript 中，_____是执行某种操作的符号，例如，加号（+）表示执行加法运算，减号（−）表示执行减法运算等。

9. 在 JavaScript 中，流程控制主要有三种结构，分别是_____、_____、_____。

二、选择题

1. (　　) 函数是弹出警告框的函数。

　　A. alert( )　　　　B. JavaScript　　　　C. head　　　　D. html

2. 在 JavaScript 中，有三种消息框：(　　)。

　　A. 警告框　　　　B. 确认框　　　　C. 提示框　　　　D. 以上都不对

3. 在 JavaScript 中，标识符用于命名变量以及关键词、函数、标签，JavaScript 支持两种方式来引入变量：（　　）。

A. 显式定义：使用 var 关键字定义变量　　B. 隐式定义：直接给变量赋值

C. JavaScript 保留关键字　　　　　　　　D. 以上都不对

4. 在 JavaScript 中，运算符根据功能不同，主要分为（　　）。

A. 算数运算符、赋值运算符　　　　　　B. 字符串运算符、比较运算符

C. 逻辑运算符、三元运算符　　　　　　D. 位运算符

5. 逻辑运算符"!"表示（　　）。

A. 并且的意思，两边都为真时，结果为真

B. 或者的意思，两边有一个为真，则结果为真

C. 非，用在布尔表达式之前

D. 警告对话框

6. 在 JavaScript 中，使用（　　）语句来构造选择结构。

A. if-else-if　　　B. switch　　　C. do-while　　　D. for 循环

7. location 对象中，pathname 表示（　　）。

A. 返回一个 URL 协议　　　　　　　　B. 返回一个 URL 的查询部分

C. 返回的 URL 路径名　　　　　　　　D. 返回一个 URL 服务器使用的端口号

三、问答题

1. JavaScript 中，常量的 9 种数据类型分别是什么？

2. 在程序执行的过程中，代码的执行顺序直接影响程序的结果。请简述 JavaScript 中流程控制的三种主要结构的作用。

单元 8

利用 JavaScript 制作网页特效

在很多网站上都可以看到动画的交互效果,这些动画生动地体现了在网页上的交互效果。在本单元中,使用 JavaScript 制作各类网页特效。

注意,动态网页中的动态,不是指网页中页面元素以及网页特效的 "动",而是指与后台数据库进行交互,进行数据传递。

8.1 时间特效

8.1.1 显示当前日期及时间

使用 JavaScript 内置的日期对象(date)和时间对象(time)来显示日期及时间。
date 对象常用的方法及说明见表 8-1。

表 8-1 date 对象常用方法及说明

方法	说明
getDate( )/setDate( )	获取/设置月份中的日期(1~31)
getDay( )	获取星期几(0~6)
getFullYear( )/setFullYear( )	获取/设置年份(4 位数字)
getHours( )/setHours( )	获取/设置小时数(0~23)
getMillseconds( )/setMilliseconds( )	获取/设置毫秒数(0~999)
getMinutes( )/setMinutes( )	获取/设置分钟数(0~59)
getMonth( )/setMonth( )	获取/设置月份(0~11)
getSeconds( )/setSeconds( )	获取/设置秒(0~59)

time 对象常用的方法及说明见表 8-2。

表 8-2 time 对象常用的方法及说明

方法	说明
getTime( )/setTime( )	从 1970 年 1 月 1 日 0 点 00:00:00 UTC(世界标准时间)开始计算的毫秒数。如果是这之前的时间,返回一个负数

续表

方法	说明
getTimezoneOfset( )	按分钟为本地时间返回时区偏差值
toDateString( )	返回常用格式的日期
toTimeString( )	返回常用格式的时间
toString( )	返回表示特定日期的字符串

例 8.1.1.html 代码如下：

```
<!DOCTYPE html>
<html>
    <head>
        <title>当前日期及时间</title>
    </head>
    <body>
        <p id="p1">这是 html 的第一段</p>
        <p id="p2"></p>
        <script>
            var showTime = setInterval(function(){
                var clock=document. getElementById("p2");
                showCurrentTime(clock); }, 1000);
            function showCurrentTime(clock){
                var d = new Date();
                var year = d. getFullYear();
                var month = d. getMonth() + 1;
                var date = d. getDate();
                var days = new Array("日","一","二","三","四","五","六");
                var day = d. getDay();
                var hour = (d. getHours()< 10) ? ("0" + d. getHours()): d. getHours();
                var min=(d. getMinutes()<10)?("0"+d. getMinutes()):d. getMinutes();
                var sec=(d. getSeconds()<10)?("0"+d. getSeconds()):d. getSeconds();
                var now = year + "年" + month + "月" + date + "日<br>星期" + days[day] + "<br>" + hour + ":" + min + ":" + sec;
                clock. innerHTML = "现在的时间是:<br>" + now;
            }
        </script>
    </body>
</html>
```

运行结果如图 8-1 所示。

例 8.1.1.html 代码中，setInterval( ) 是 window 对象的实例，按照指定的周期（以毫秒

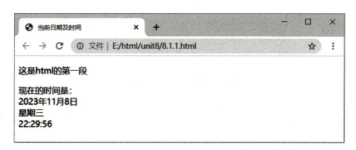

图 8-1　例 8.1.1.html 运行结果

计）来调用函数或计算表达式。showCurrentTime( ) 是自己编写的显示当前时间的函数。

8.1.2　显示网页停留时间

网页停留时间是指访客浏览某一页面时所花费的时长，页面的停留时间＝进入下一个页面的时间-进入本页面的时间（用户访问当前页面后没有进入下一个页面，则该页面无停留时间，不统计在内）。通常各搜索网站及电商网站会记录页面停留时间，以判断页面内容对用户的吸引程度，也可以进行访客再营销等活动。

在用户进入页面时，通常可以通过在<body>标签中使用 onload 函数来记录进入页面的时间，在用户离开页面时，使用 onunload 函数记录结束时间，两个时间相减即可得出用户在页面的停留时间。

例 8.1.2.html 代码如下：

```
<html>
    <head>
        <meta http-equiv="Content-Type" content="text/html; charset=utf-8" />
        <title>JavaScript 获取页面停留时间</title>
        <script>
            function logoIn() {
                logoin=new Date();
            }
            function logoOut() {
                logoout=new Date();
                window. alert ("您已在"+document. URL+"\n 停留:" + Math. round((logoout. getTime()-logoin. getTime())/1000) + " 秒!");
            }
            document. onclick = function(){
                var obj = event. srcElement;
                if(obj. type == "button"){
                    var btnId=obj. id;
                    if(btnId=="tenBt"){
                        window. location. href= ' https://www. qq. com/ ';
```

```
            }else if(btnId=="baiBt"){
                window.navigate('https://www.baidu.com/');
            }else{
                window.open('http://www.people.com.cn/');
            }
        }
    };
    </script>
</head>
<body onload="logoIn()" onunload="logoOut()">
    <h2>JavaScript 获取页面停留时间</h2>
    <a href="https://www.baidu.com/">百度</a>
    <a href="https://www.qq.com/">腾讯</a>
    <input id="tenBt" value="跳转至腾讯" type=button>
    <input id="baiBt" value="跳转至百度" type=button>
    <input id="renBt" value="跳转至人民网" type=button>
</body>
</html>
```

运行结果如图 8-2 所示。

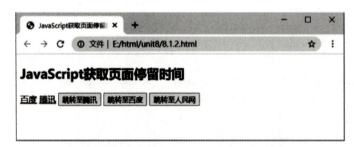

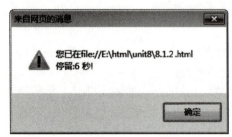

图 8-2　例 8.1.2.html 运行结果

说明

① onload( ) 和 onunload( ) 函数会在用户进入或离开页面时被触发运行。

② onunload 事件在刷新或关闭窗口时，有时候起作用，有时候不起作用，在各个浏览器中的效果也不一样。在谷歌和火狐中，必须先按 F12 键打开开发者模式，刷新或关闭网

单元 8　利用 JavaScript 制作网页特效

页，才会有提示框。而且不能连续刷新，例如，第一次刷新有提示框，接着刷新第二次，就变成直接刷新，没有提示框。但是如果两次刷新时间间隔在 30 s 左右，则第二次刷新会有提示框。如果不按 F12 键打开开发者模式，谷歌和火狐在 onbeforeunload 事件触发时，都不会有提示框，会直接刷新或关闭页面。

8.1.3　制作倒计时特效

在日常浏览网页时，经常会有倒计时特效，一般来说，实现倒计时效果有两种方式：一种是设置时长，例如考试；另一种是设置时间戳，通常用于提醒用户还有多久要发生什么事件。在电商网站中，用于提醒用户离抢购时间还有多久。在新闻网站上，用于提醒用户距离某件大事发生的时间。

以距离 2024 年 2 月 10 日 19:30 的倒计时为例。

例 8.1.3.html 代码如下：

```
<!DOCTYPE html>
<html>
    <head>
        <meta charset="utf-8">
        <title>倒计时特效</title>
        <script>
            function timer(){
                var ts = (new Date(2024, 2, 10, 19, 30, 0)) - (new Date());   //计算剩余的毫秒数
                var dd = Math.floor(ts / 1000 / 60 / 60 / 24, 10);            //计算剩余的天数
                var hh = Math.floor(ts / 1000 / 60 / 60 % 24, 10);            //计算剩余的小时数
                var mm = Math.floor(ts / 1000 / 60 % 60, 10);                 //计算剩余的分钟数
                var ss = Math.floor(ts / 1000 % 60, 10);                      //计算剩余的秒数
                document.getElementById("showtime").innerHTML = dd + "天" + hh + "时" + mm + "分" + ss + "秒";
                document.getElementById("showtime").style.color="blue";
                setInterval("timer()",1000);                                  //每秒调用一次计时器
            }
        </script>
    </head>
    <body onload="timer()">
        <h1>欢迎来到我的主页</h1>
        <p>距离 2024 年 2 月 10 日 19:30 还有：</p>
        <div id="showtime"></div>
    </body>
</html>
```

运行结果如图 8-3 所示。

图 8-3 例 8.1.3.html 运行结果

说明：
① 通过 onload 事件在页面加载后调用倒计时的计时器函数。
② 在计时器函数中使用 setInterval("timer( )",1000)，每秒一次递归调用倒计时本身。

8.2 图像特效

为了使网站生动，吸引人的注意，通常会在制作网站过程中加上图像特效。例如，在用户滚动页面或者是鼠标指针经过的地方有动态效果，就像在平面层上多出了一个动态层，这样看起来更加有层次感。

8.2.1 图像震动效果

在鼠标指针经过时，每个图像元素都有震动效果，也就是图像会在原来的位置晃动，能够吸引人的注意。通常使用 CSS 设置图像效果，采用 JS 动态显示，更改图片位置，实现图像震动效果。

例 8.2.1.html 代码如下：

```
<html>
    <head>
        <meta charset="utf-8">
        <title>图片震动特效</title>
        <style>
            img {
                position:relative;
                left:0px;
                top:0px;
            }
        </style>
        <script>
            var rector=30;
            var stopit=0;
```

```javascript
        var a=1;
        var shake;
        var timer=null;
        function init(which){
            timer=setInterval("rattleimage()",100);        //每秒调用一次
            stopit=0;
            shake=which;
            shake.style.left=0;
            shake.style.top=0;
        }
        function rattleimage(){
            if ((!document.all&&!document.getElementById)||stopit==1){
                return;
            }else{
                if (a==1){
                    shake.style.top=parseInt(shake.style.top)+rector;
                }else if (a==2){
                    shake.style.left=parseInt(shake.style.left)+rector;
                }else if (a==3){
                    shake.style.top=parseInt(shake.style.top)-rector;
                }else{
                    shake.style.left=parseInt(shake.style.left)-rector;
                }
                if (a<4){
                    a++;
                }else{
                    a=1;
                }
            }
        }
        function stoprattle(which){
            stopit=1;
            clearInterval(timer);
            which.style.left=0;
            which.style.top=0;
        }
    </script>
</head>
<body>
    <h1>欢迎来到我的主页</h1>
```

     <image id="giftImg" src="gift. png" onMouseOver="init(this)" onMouseOut="stoprattle(this)" border="0"></image>
     <image id="xx1Img" src="xx1. png" onMouseOver="init(this)" onMouseOut="stoprattle(this)" border="0"></image>
  </body>
</html>

运行结果如图 8-4 所示。

图 8-4 例 8.2.1. html 运行结果

说明

① 通过 onMouseOver 事件触发图像震动，当移开鼠标指针，触发 onMouseOut 事件后，图像震动结束。

② 使用 setInterval("rattleimage( )",100) 设置图像位置来实现震动效果，移开鼠标后，使用 clearInterval(timer) 停止调用刷新图像位置。

8.2.2 图片闪烁效果

打开某些网页时，有一些图片会闪烁，出现后消失再出现，可以使用 JS 或者 CSS 实现此类效果。

例 8.2.2.html 代码如下:

```html
<html>
    <head>
        <meta charset="utf-8">
        <title>图片闪烁特效</title>
    </head>

    <body>
        <h1>欢迎来到我的主页</h1>
        <image id="giftImg" src="gift.png" border="0"></image>
        <image id="xx1Img" src="xx1.png" border="0"></image>
    </body>
    <script>
        function twinkle(){
            var imgid=document.getElementById("giftImg");
            if(imgid.style.visibility == "visible"){
                imgid.style.visibility = "hidden";
            }else{
                imgid.style.visibility = "visible";
            }
            setTimeout(' twinkle()' ,300);
        }
        twinkle();
    </script>
</html>
```

运行结果如图 8-5 所示。

图 8-5 例 8.2.2.html 运行结果

图 8-5 例 8.2.2.html 运行结果（续）

说明：
① 使用 setTimeout('twinkle()',300) 表示经过 300 ms 后，执行一次 twinkle() 函数。
② style.visibility 属性设置图像可见或不可见。

此例中，JavaScript 代码需要放在 body 后，通过 document.getElementById("giftImg") 获取元素对象后，需要在 body 加载完后，才能获取对象的 .style 属性。若放在 head 标签中，则无法获取 style 属性。

8.2.3 自动切换图像

一个页面上展示出来的信息有限，可以采用自动切换图像的方式来展示多个图片。自动切换图片的实现原理，就是在一个固定的位置循环显示不同的图片，更换图片来源。

例 8.2.3.html 代码如下：

```
<html>
    <head>
        <meta charset="utf-8">
        <title>图片自动切换</title>
        <script language="javascript">
            setInterval("interchange()",1000);
            var index=0;
            var array= new Array("gift.png","xx1.png");
            function interchange(){
                var myimg=document.getElementById("imgs");
                if(index==array.length-1){
                    index=0;
                }else{
```

```
                    index++;
                }
                myimg.src=array[index];
            }
        </script>
    </head>
    <body >
        <img id="imgs" src="gift.png" />
    </body>
</html>
```

运行结果如图 8-6 所示。

图 8-6　例 8.2.3.html 运行结果

通过 setInterval("interchange()",1000) 设定每经过 1 s 后，执行一次 interchange() 函数，切换一张图片。

8.3 窗口特效

在开发过程中,经常会用到一些窗口特效,例如,全屏显示窗口、定时关闭窗口等。

8.3.1 全屏显示窗口

在需要观看视频或者查看完整图片的时候,经常需要使用全屏显示。在已经打开的一个普通网页上,单击"全屏显示"按钮,然后进入该网页对应的全屏模式。

例8.3.1.html 代码如下:

```
<html>
    <head>
        <meta charset="utf-8">
        <title>全屏显示</title>
        <script language="javascript">
            function fullScreen()
            {
                window.open(document.location, 'big', 'fullscreen=yes');
            }
        </script>
    </head>
    <body>
        <form>
            <input type="BUTTON" name="FullScreen" value="全屏显示" onClick="fullScreen()">
        </form>
    </body>
</html>
```

运行结果如图8-7所示。

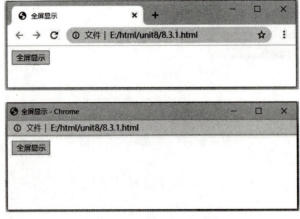

图8-7 例8.3.1.html 运行结果

通过 window.open(document.location,'big','fullscreen=yes') 设置窗口的属性 fullscreen=yes，设置当前网页在窗口中全屏打开。如果要全屏打开另外的网页，只需要替换 document.location 为其他网页地址即可。

8.3.2 定时关闭窗口

在设计网页时，有时需要弹出广告或者一些提示，并且在显示一段时间后自动关闭。这就需要定时关闭窗口特效。

例：在 8.3.2.html 页面中弹出 8.3.2_1.html 和 8.3.2_2.html，并在 10 s 后自动关闭弹出的页面。

8.3.2_1.html 代码如下：

```
<html>
    <head>
        <meta charset="utf-8">
        <title>弹出窗口并自动关闭</title>
        <script language="javascript">

        function openClose()
        {
            window.open('8.3.2_1.html','big','fullscreen=yes');
        }
        </script>
    </head>
    <body >
        <form>
            <input type="BUTTON" value="弹出窗口" onClick="openClose()">
        </form>
    </body>
</html>
```

8.3.2_2.html 代码如下：

```
<html>
    <head>
        <meta charset="utf-8">
        <title>自动关闭本窗口</title>
        <script language="javascript">
            function closeit()
            {
                setTimeout("self.close()",10000);
            }
```

```
            </script>
        </head>
        <body onload="closeit()">
            <img src="gift.png"/>
        </body>
    </html>
```

运行结果如图 8-8 和图 8-9 所示。

图 8-8 例 8.3.2_1.html 运行结果

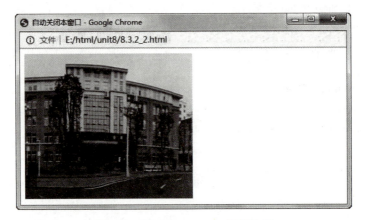

图 8-9 例 8.3.2_2.html 运行结果

通过 window.open('8.3.2_2.html','big','fullscreen=yes') 打开 8.3.2_2.html 页面。在打开的 8.3.2_2.html 窗口中设置加载完成后的函数 onload="closeit()"。通过 setTimeout ("self.close()",10000) 设置 10 s 后关闭本页面。

8.4 鼠标特效

在进行网页设计时，常常会用到各种鼠标特效。

8.4.1 禁止鼠标右键

在一些网页中，可以禁用鼠标右键，防止复制文本或者网页源代码。

例 8.4.1.html 代码如下：

```
<html>
    <head>
```

```
            <meta charset="utf-8">
            <title>禁用鼠标右键</title>
        </head>
        <body oncontextmenu="return false">
            <p>这是 html 的正文</p>
        </body>
    </html>
```

运行结果如图 8-10 所示。

图 8-10　例 8.4.1.html 运行结果

通过设置 <body> 标签的 oncontextmenu 属性值为"return false"，可以彻底禁用鼠标右键。也可以通过设置 <body> 标签的 onmousedown="" oncontextmenu="" 来实现右击无效。

8.4.2　跟随鼠标指针移动的图像

在很多网站上能看到图片跟随鼠标指针移动的 JS 特效。在实现这个特效之前，需要了解 JS 中的对象 2#event（事件对象）。用到的只有这个 event 对象的两个属性：clientX 与 clientY，也就是触发当前事件（可能是 click，也可能是 onmousemove 等事件）时鼠标在窗口区域的 X、Y 坐标（它们都是只读属性，所以只能获取，不能设置），把得到的坐标赋给图片定位属性中的 left 与 top 即可。

例 8.4.2.html 代码如下：

```
<html>
    <head>
        <meta charset="utf-8">
        <title>跟随鼠标移动图片</title>
        <style type="text/css">
            #box1 {
                width: 1000px;
                height: 500px;
                background-color: blueviolet;
                position: absolute;
            }
            #Img {
                width: 100px;
```

```
                height: 100px;
                position: absolute;
            }
        </style>
        <script language="javascript">
            window.onload=Main;
            //全局坐标变量
             var x="";
             var y="";
            //定位图片位置
            function GetMouse(oEvent){
                x=oEvent.clientX;
               y=oEvent.clientY;document.getElementById("Img").style.left=(parseInt(x)-10)+"px";
                document.getElementById("Img").style.top=y+"px";
            }
            //入口
            function Main(){
                var ele=document.getElementById("box1");
                //注册鼠标移动事件
                ele.onmousemove=function(){GetMouse(event);}
            }
        </script>
    </head>
    <body>
        <div id="box1">
            <img src="gift.png" id="Img"/>
        </div>
    </body>
</html>
```

运行结果如图 8-11 所示。

图 8-11　例 8.4.2.html 运行结果

(1) 通过 CSS 设置 ID 为 Img 的图片的大小和位置,设置图片为相对位置可移动。

(2) 通过 GetMouse(oEvent) 函数获取鼠标指针位置,并且将鼠标指针的位置赋予图片,实现图片随着鼠标指针移动。

(3) 将获取鼠标指针位置事件绑定到图片的上级容器中,这样可以防止鼠标指针移出图片后,图片不跟随鼠标指针移动。

8.4.3 跟随鼠标指针的滚动字幕

在浏览网站的时候,经常会看到滚动的字幕,有些字幕是随着鼠标指针的移动而移动的。
例 8.4.3.html 代码如下:

```
<html>
    <head>
        <meta charset="utf-8">
        <title>JS 实现跟随鼠标指针的滚动提示文字</title>
        <style type="text/css">
            #curscroll1 {
                position:absolute;
                width:150px;
                border:1px solid black;
                font-size:12px;
                background-color:green;
                visibility:hidden
            }
        </style>
    </head>
    <body >
        <marquee id="curscroll">这是一条普通的滚动字幕!</marquee>
        <marquee id="curscroll1">这是一条跟随鼠标指针移动的字幕!</marquee>
    </body>
    <script language="javascript">
        var dismissafter=1;//设置时间,显示滚动内容;为 0 时,一直显示滚动字幕
        var initialvisible=0;
        var curscroll= document.getElementById("curscroll1");
        function followcursor(){
            if (initialvisible==0){
                curscroll.style.visibility="visible";
                initialvisible=1;
            }
            curscroll.style.left=document.body.scrollLeft+event.clientX+10;
            curscroll.style.top=document.body.scrollTop+event.clientY+10;
```

```
            }
            function dismissmessage(){
                curscroll. style. visibility = "hidden";
            }
            document. onmousemove = followcursor;
            document. ondblclick = dismissmessage;
            if (dismissafter! =0){
                setTimeout("dismissmessage()",dismissafter* 1000);
            }
    </script>
</html>
```

运行结果如图 8-12 所示。

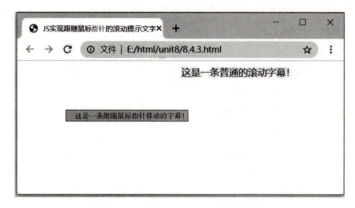

图 8-12　例 8.4.3.html 运行结果

使用 marquee 标签创建一个滚动的文本字幕，应用于文字、图片、表格。

使用 document. onmousemove 事件实现字幕位置跟随鼠标指针变换，实现跟随鼠标指针移动的滚动字幕。

单元实训

通过本单元的学习，能够使用 JavaScript 来动态更新或改变网页的内容，完成各种页面特效。在学习使用 JavaScript 的过程中，重要的是要理解 JavaScript 在浏览器中的角色以及其与其他技术（如 HTML 和 CSS）的交互。在以后的学习工作中，掌握一些流行的 JavaScript 框架（如 React、Vue 或 Angular）也是非常有用的，因为它们提供了更高级别的抽象，可以帮助更有效地开发复杂的 Web 应用程序。

具体实训开展任务安排见任务工单和任务评价。

任务工单

根据下表说明，完成实训任务。

单元 8 利用 JavaScript 制作网页特效

任务编号：hcj8-1	实训任务：旅游网站网页特效制作	日期：
姓名：	班级：	学号：

一、任务描述

根据所学的内容，在旅游网站中添加网页特效，实时显示当前时间，主页上的旅游景点图片自动切换播放，当鼠标指针经过某旅游景点图片时，闪烁提醒。当鼠标指针悬浮在景点图片上方时，显示景点简介，单击景点图片，跳转到相应的景点页面。

二、任务目标

素质目标	1. 具有产权保护意识。 2. 具有良好的编程风格。 3. 具有较强的团队合作意识。 4. 具有自主探究和学习的能力。
知识目标	1. JavaScript 的基础语法。 2. JavaScript 的 DOM 操作。 3. JavaScript 的事件处理。
能力目标	1. 能够给网页添加时间特效。 2. 能够给网页添加轮播图效果。 3. 能够给网页图像添加闪烁效果。 4. 实现页面跳转。

三、任务效果

旅游网站页面特效的效果图如下。

四、任务实施

在网站主页添加 JavaScript 程序，实现以下功能：
1. 添加网页特效，实时显示当前时间。
2. 旅游景点图片自动切换播放。

续表

任务编号：hcj8-1	实训任务：旅游网站网页特效制作	日期：
姓名：	班级：	学号：

3. 当鼠标指针经过某旅游景点图片时，闪烁提醒。
4. 当鼠标指针悬浮在景点图片上方时，显示景点简介。
5. 单击景点图片时，跳转到相应的景点页面。

五、任务考核

	评价内容	得分
自主学习 （10分）	是否通过平台课前提前预习（5分）	
	查阅资料，完成课前任务（5分）	
职业素养 （15分）	团队协作精神，完成工作量多少（5分）	
	学习态度端正，操作认真（5分）	
	沟通和表达能力（5分）	
理论掌握情况 （20分）	回答问题全面，思路清晰（10分）	
	小组讨论积极发言（10分）	
实践操作能力 （55分）	添加网页特效，实时显示当前时间（15分）	
	景点图片自动切换播放（25分）	
	鼠标指针经过某旅游景点图片时，闪烁提醒（10分）	
	完整性高（5分）	
教师评语		总评成绩

指导教师：

日期：　年　月　日

任务评价

根据下表所列评分要求和准则，结合学习过程中的表现开展自我评价、小组互评、教师评价，对以上三项加权平均，计算出最后得分。

考核项	考核要求		评分准则	配分	自评	互评	师评
基本素养（20分）	学习态度（10分）	按时到课，不早退	缺勤全扣；迟到、早退，一次扣1分	2分			
		课堂专注学习	不做与课堂学习无关的事，违反一次扣2分	4分			
		积极思考、回答问题	根据上课统计情况得分	2分			
		学习用品准备	自己主动准备学习用品并齐全	2分			
	职业道德（10分）	团队合作	主动合作4分，被动合作2分	4分			
		积极进取	主动思考、创新2分	2分			
		高标准、高质量意识	对工作精益求精，4分；对工作认真，2分；其余不得分	4分			
核心技术（40分）	知识点（20分）	1. JavaScript 的基础语法 2. JavaScript 的 DOM 操作 3. JavaScript 的事件处理	根据在线课程测试情况得1~10分	10分			
			能运用思维导图绘制对应知识结构	10分			
	技能点（20分）	1. 能够给网页添加时间特效 2. 能够给网页增加轮播图效果 3. 给网页图像增加闪烁效果，实现页面跳转	课上快速、准确明确工作任务要求	10分			
			清晰、准确完成相关操作	10分			
任务完成情况（40分）	按时保质保量完成工作任务（40分）	按时提交	按时提交得10分；迟交得1~5分	10分			
		任务完成度	根据完成情况得1~10分	10分			
		任务准确度	根据准确程度得1~10分	10分			
		团队意识与创新	是否帮助团队成员及是否自主创新，视实际情况得1~10分	10分			
合计				100分			
总分【加权平均（自我评价20%，小组评价30%，教师评价50%）】							
小组组长签字			教师签字				

结合教师、同学的评价及自己在学习过程中的表现，总结自己在本工作领域的主要收获和不足，进行星级评定。

评价内容	主要收获和不足	星级评定
网站开发知识层面		☆☆☆☆☆
网页设计技能层面		☆☆☆☆☆
综合素质层面		☆☆☆☆☆

课后习题

一、填空题

1. 可以使用 JavaScript 制作各类网页特效。注意：动态网页中的动态，不是指网页中页面元素以及网页特效的"动"，而是指＿＿＿＿＿＿＿＿＿＿。

2. 使用 JavaScript 内置的日期对象（date）和时间对象（time）来显示日期及时间，其中，getDay() 指的是＿＿＿＿＿＿＿＿＿＿。

3. toDateString() 指的是＿＿＿＿＿＿＿，toString() 指的是＿＿＿＿＿＿＿＿。

4. 在很多网站上能看到图片跟随鼠标移动的 JS 特效。需要用到的往往只有其 event 对象的两个属性：＿＿＿＿与＿＿＿＿。

5. 通过＿＿＿＿＿＿＿＿＿事件触发图像震动，当移开鼠标触发 onMouseOut 事件后，图像震动结束。

6. 网页停留时间是指访客浏览某一页面时所花费的时长，页面的停留时间＝进入下一个页面的时间-进入本页面的时间。在用户进入页面时，可以通过在 body 标签中使用＿＿＿＿＿＿函数，记录进入页面的时间，在用户离开页面时，使用＿＿＿＿＿＿函数记录结束时间，两个时间相减即可得出用户在页面上停留时间。

二、选择题

1. 使用（　　）标签，可以创建一个滚动的文本字幕，应用于文字、图片、表格。

　　A. width　　　　B. border　　　　C. marquee　　　　D. font-size

2. 使用（　　）事件，实现字幕位置跟随鼠标指针变换，实现跟随鼠标指针移动的滚动字幕。

　　A. style type　　　　　　　　B. background-color

　　C. document.onmousemove　　D. title

3. 通过（　　）函数获取鼠标指针位置，并且将指针的位置赋予图片，可以实现图片随着鼠标移动。

　　A. GetMouse(oEvent)　　　　　　B. font-size
　　C. border　　　　　　　　　　　D. style type

4. 通过设置<body>标签的（　　）属性值为"return false"，可以彻底禁用鼠标右键。

　　A. marquee　　B. oncontextmenu　　C. width　　D. border

5. 一个页面上展示出来的信息有限，可以采用自动切换图像的方式来展示多个图片。通过 setInterval("interchange()",1000) 设定每经过 1 s 后，执行一次 interchange() 函数，会出现的结果是（　　）。

　　A. 关闭屏幕　　B. 出现一些文字　　C. 切换一张图片　　D. 什么也没有发生

6. getTimezoneOfset() 是指（　　）。

　　A. 获取/设置月份中的日期　　　　B. 获取/设置月份
　　C. 按分钟为本地时间返回时区偏差值　　D. 什么也没有发生